軽量・高速モバイルデータベース

Realm 入門
レルム

菅原 祐 著
Realm 岸川克己 監修

技術評論社

■本書を購入する前にご確認ください

本書では、ソースコードがオープンソースソフトウェアとして公開されている「Realm Mobile Database」を取り扱っています（「Realm Mobile Platform」「Realm Object Server」の解説はありません）。

本書で使用しているRealmのバージョンは、2017年1月30日の最新版の「2.4.2」です。Realmを使用するには、次の必要条件があります。

- iOS 8以降、またはOS X 10.9以降、およびwatchOS
- Xcode 7.3以降
- Swift 3.0.0以降

本書のコード記述部分とサンプルコードは次の環境を使用しています。

- iOS 10.2
- Xcode 8.2.1
- Swift 3.0.2

本書に記載された内容は、情報の提供のみを目的としています。したがって、本書を用いた開発、運用は、必ずお客様自身の責任と判断によって行ってください。これらの情報による開発、運用の結果について、技術評論社および著者はいかなる責任も負いません。

本書記載の情報は、2017年1月30日現在のものを掲載していますので、ご利用時には、変更されている場合もあります。また、ソフトウェアに関する記述は、特に断わりのないかぎり、2017年1月30日時点での最新バージョンをもとにしています。ソフトウェアはバージョンアップされる場合があり、本書での説明とは機能内容などが異なってしまうこともあり得ます。本書ご購入の前に、必ずバージョン番号をご確認ください。

以上の注意事項をご承諾いただいたうえで、本書をご利用願います。これらの注意事項をお読みいただかずに、お問い合わせいただいても、技術評論社および著者は対処しかねます。あらかじめ、ご承知おきください。

Xcode、Swift、iPhone、iPad、Apple、Appleロゴ、iOS、Mac、OS X、Safari、Apple Watch、Apple TV、iTunesは、米国Apple Inc.の各国における商標または登録商標です。iPhone商標はアイホン株式会社のライセンスに基づき使用されています。その他、本文中に記載されている会社名、製品名などは、各社の登録商標または商標、商品名です。会社名、製品名については、本文中では、™、©、®マークなどは表示しておりません。

はじめに

　本書は、モバイルデータベースRealm（レルム）の解説本です。

　データベースはさまざまなところで使われています。例えばメールアプリ、ミュージックアプリ、ニュースアプリなど皆さんが毎日使うようなアプリでもそうですし、計算機アプリ、タスクアプリ、メモアプリなどの単機能なアプリでも当たり前のようにデータベースが使われています。

　iOSで利用可能なデータベースといえば、SQLiteやCore Dataがあります。しかし、それらが設計された当時と比べてiPhone自体のスペックも大幅に向上し、通信などのモバイル環境も大きく異なっています。

　そこで本書は、2014年7月に**世界初のモバイルファーストなデータベース**として公開され、2016年5月にバージョン1.0、2016年9月にバージョン2.0となった、現在のモバイル端末事情を考え設計されたRealmについて解説します。

謝辞

　本書籍の執筆にあたり、多くの方にお世話になりました。

　お忙しい中、本書の監修を務めていただきました、Realmの岸川克己さん、山﨑誠さん、原稿のチェックや読みやすさなど多くの示唆をくださった、札幌圏のiOS開発者コミュニティ、iPhone Dev Sapporoの阿部高明さん、若林大悟さん、同僚の川田知愼さん、本書の素敵なカバーをデザインしてくださった、植竹裕さん、初めての書籍の執筆で不慣れな私に丁寧に指導してくださった、編集者の取口敏憲さん、隣で見守ってくれた妻と猫たち。これらの方々のおかげで本書を書き上げることができました。

　この場を借りて、心からお礼を申し上げます。

2017年1月

菅原 祐

本書について

対象読者

　本書は、**通常のiOSアプリ開発にはある程度慣れている方**を前提としています。そのため、基本的なXcodeの使い方やSwiftの言語仕様、ターミナルなどその他基本的な開発ツールの使い方などの説明はしていません。

　データベースに関しては、初心者の方でも理解できるようになっています。難易度としては「初級〜中級」くらいまでの範囲をカバーしています。

　Realmは日本語の公式ドキュメント（https://realm.io/jp/docs/swift/latest/）も公開しています。日本語の公式ドキュメントは、最新バージョンの情報が反映されるまでに多少時間がかかることもありますが、基本的な機能に関しては網羅されています。公式ドキュメントだけで内容を理解できる方や、英語のドキュメントと合わせて読み進められる方ですと、本書の内容は少々物足りないと感じるかもしれませんが、公式ドキュメントにプラスアルファした実際のアプリ開発に役立つ情報も記載しています。

　具体的には次のような方におすすめしています。

- データベースをまったく使ったことがない方
- SQLiteやCore Dataをよりシンプルな形に置き換えたい方
- Realmを使ったことはあるが、より実践的なアプリ開発での使用方法を知りたい方

Realmの必要条件

　本書で使用しているRealmのバージョンは、2017年1月30日の最新版の「2.4.2」です。Realmを使用するには、次の必要条件があります。

- iOS 8以降、またはOS X 10.9以降、およびwatchOS
- Xcode 7.3以降
- Swift 3.0.0以降

　本書のコード記述部分とサンプルコードは次の環境を使用しています。

- iOS 10.2
- Xcode 8.2.1
- Swift 3.0.2

> ! Swift 2.xでRealmを使用した場合は、Realm 2.3.0以下をご利用ください。ただし、Swift 2.xとSwift 3.xでは、Realmのメソッド名が変更されていることに注意してください。これは、Swift 3.0で新たに定められたAPIの命名規則に準拠しているためです。

各Partの概要

■Part1：入門編
そもそもモバイルデータベースとは何か、なぜRealmが作られたのかという話から入ります。

■Part2：基礎編
Realmの仕様と基本的な使用方法を解説しています。

■Part3：活用編
実際のアプリ開発でよく使うTipsを解説しています。ほとんどは、Part2に記載してある基本機能の組み合わせで実現しています。

■Part4：実装編〜Twitterクライアント作る
具体的なアプリ開発でどのようにRealmを組み込むかを、チュートリアル形式で解説しています。Twitterという140文字以下の「ツイート」の投稿を共有するWebサービスを例に、ツイートの表示に必要なデータをRealmに保存していきます。基本的には1つ前のサンプルを変更していく形で、アプリの機能が増えるのに合わせてRealmを改善していくという内容です。最終的にはTwitter APIと実際の通信をしホームタイムラインを表示するアプリを完成させています。

■Appendix A：APIリファレンス
Realm Mobile Databaseに定義されている各種クラス、構造体、列挙体、プロトコル、関数などのリファレンスになります。

■Appendix B：付録／ツール
モデル定義チートシートと開発に役立つツールを紹介しています。

各ケース別、本書の読み進め方

■ 初めてデータベースに触れる方
「Part1：入門編」から順に読み進めることをおすすめします。「Part3：活用編」は、実際にその問題に遭遇しないとイメージがつかみづらいものもありますので、難しいなと思ったところは一旦読み飛ばしても構いません。「Part4：実装編〜 Twitterクライアント作る」の最後まで進んでいただくと全体のイメージがある程度掴めると思います。データベースは、アプリによって大きく使い方が変わりますし、覚えることも多くあります。実際のアプリ開発を通じてわからない部分が出てきたら、そのたびに読み返してだんだん理解を深めていくのがよいでしょう。

■ 他のデータベースは知っているが、Realmは初めて使用する方
「Part2：基礎編」では、他のデータベースで使用している一般的な用語も交えて解説していますので、他のデータベースとRealmとの違いが理解できます。その後、「Part4：実装編〜 Twitterクライアント作る」のサンプルを動かしながら読み進めることで、Realmを実際のアプリに組み込む方法が理解できます。

■ まずはRealmがどういうものかを知りたい
「Part4：実装編〜 Twitterクライアント作る」から読み進めるのをおすすめします。サンプルは段階的に進み、コメントも都度記載してありますので、サンプルを動かしながら本書の解説を読むことで各コードの意味が理解できます。細かいRealmの仕様についてわからない部分は、「Part2：基礎編」と「Appendix A：APIリファレンス」を参照することで理解が深まります。

本書での注意／技術補足の表記

> ⚠ Realm特有の仕様であったり、特筆すべき注意点を記載しています。コンパイルエラーや例外など致命的になる問題を含みます。

> 📖 少々難しい内容も含むので、初心者の方は知識として軽く読んでおく程度でも問題ないです。

> 💡 【サンプル】該当するサンプルプロジェクトのファイルを表示しています。
> 例：サンプル/19-04_タイムラインを表示する/TwitterTimeLine.xcodeproj

そのほか、関連する章節番号を指す「 参照 」とURLを意味する「 URL 」があります。

サンプルプロジェクトのダンロード方法

サンプルプロジェクトは、本書サポートサイト（ URL http://gihyo.jp/book/2017/978-4-7741-8848-5）からダウンロードできます。そのほか、補足情報や正誤表なども掲載しています。

サンプルプロジェクトの注意点

本書サポートサイトからダウンロードできるZIPファイルには、各サンプルプロジェクトがサブフォルダ内に含まれており、そのままで実行可能な状態になっています。

ただし、各サンプルプロジェクトを別の場所にコピーや移動して試したい場合は注意が必要です。各サンプルプロジェクト内で使用しているRealm（Dynamic Framework）は、$(PROJECT_DIR)/../Realmを参照しています。そのため、サンプルプロジェクトを個別にコピーや移動した場合は、**Realmへの参照がなくなってしまうためコンパイルエラー**が発生してしまいます。

サンプルプロジェクトをコピーや移動して試したい場合は、トップの**サンプルフォルダごと移動**してください。

軽量・高速モバイルデータベース Realm 入門 [目次]

はじめに iii
本書について iv

Part1 入門編 001

第1章 モバイルデータベース入門 002
1.1 データベースとは 002
1.2 データベースの具体的な使用例 002
1.3 iOSで用意されている保存方法 003
1.4 なぜRealmが作られたのか 005

第2章 Realmの特徴と利点 007
2.1 テーブル定義（モデル定義） 007
2.2 API 007
2.3 速度 009
2.4 複数のプラットフォームに対応 010
2.5 ユーザサポート 011
2.6 オープンソースソフトウェア（OSS） 012

Part2 基礎編 013

第3章 Realmのインストール 014
3.1 ❶ Dynamic Framework 014
3.2 ❷ CocoaPods 019
3.3 ❸ Carthage 022

第4章 Realmクラス 026
4.1 デフォルトRealmの取得 026
4.2 Realmインスタンス取得時のエラー処理 026

第5章 モデル定義 027
5.1 モデル定義とは 027
5.2 プロパティ 027
5.3 プライマリキー（主キー） 032
5.4 インデックス（索引） 033
5.5 保存しないプロパティ 033

5.6 モデルクラスを継承するときの注意点 ……………………………………………… 034

第6章　モデルオブジェクトの生成と初期化　035
6.1 使用するモデル定義 ……………………………………………………………… 035
6.2 生成と初期化する方法 …………………………………………………………… 035
6.3 ネストしたモデルオブジェクトの生成と初期化 ……………………………… 037

第7章　モデルオブジェクトの追加／更新／削除　039
7.1 使用するモデル定義 ……………………………………………………………… 039
7.2 書き込みトランザクション ……………………………………………………… 040
7.3 モデルオブジェクトの追加 ……………………………………………………… 042
7.4 アンマネージドオブジェクト／マネージドオブジェクト …………………… 045
7.5 モデルオブジェクトの更新 ……………………………………………………… 046
7.6 モデルオブジェクトの削除 ……………………………………………………… 049
7.7 書き込みトランザクションのキャンセル ……………………………………… 051
7.8 書き込みトランザクションのエラー処理 ……………………………………… 054

第8章　モデルオブジェクトの取得　055
8.1 使用するモデル定義 ……………………………………………………………… 055
8.2 検索結果（Resultsクラス） ……………………………………………………… 055
8.3 クエリ（検索条件） ……………………………………………………………… 058
8.4 クエリの構文 ……………………………………………………………………… 059
8.5 クエリの遅延 ……………………………………………………………………… 068

第9章　自動更新（ライブアップデート）　069
9.1 使用するモデル定義 ……………………………………………………………… 069
9.2 モデルオブジェクトの自動更新 ………………………………………………… 070
9.3 関連（1対1、1対多、逆方向）の自動更新 …………………………………… 070
9.4 検索結果（Results）の自動更新 ………………………………………………… 072
9.5 自動更新の例外 …………………………………………………………………… 073

第10章　マルチスレッド　074
10.1 データの整合性（一貫性） ……………………………………………………… 074
10.2 異なるスレッド間でのオブジェクトの制約 …………………………………… 074
10.3 異なるスレッド間で同じRealmファイルを扱う ……………………………… 076
10.4 異なるスレッドで更新したデータの反映 ……………………………………… 077
10.5 Realmインスタンスの内部キャッシュ ………………………………………… 079
10.6 Realmファイルのサイズ肥大化について ……………………………………… 079

第11章　通知　080

11.1 通知とは ……………………………………………………………………………… 080
11.2 通知ハンドラの追加 …………………………………………………………………… 080
11.3 通知ハンドラの特徴と定義 …………………………………………………………… 081
11.4 通知の停止 ……………………………………………………………………………… 087
11.5 通知のスキップ ………………………………………………………………………… 087
11.6 キー値監視（KVO） …………………………………………………………………… 088
11.7 プロパティオブザーバ ………………………………………………………………… 090

第12章　Realmの設定 …………………………………………………………… 092
12.1 Realmの設定方法（Realm.Configuration構造体） ……………………………… 092
12.2 Realmの各種設定 ……………………………………………………………………… 092
12.3 デフォルトRealmの設定変更 ………………………………………………………… 097

第13章　マイグレーション …………………………………………………… 098
13.1 マイグレーションとは ………………………………………………………………… 098
13.2 マイグレーションを設定する ………………………………………………………… 099
13.3 マイグレーションクラス（Migrationクラス） …………………………………… 100
13.4 マイグレーション処理 ………………………………………………………………… 103
13.5 何もしないマイグレーション処理 …………………………………………………… 104
13.6 複数世代のマイグレーション ………………………………………………………… 105
13.7 マイグレーション処理を行わずに古いRealmファイルを削除 …………………… 105

第14章　その他のクラス／プロトコル ……………………………………… 106
14.1 コレクションプロトコル（RealmCollection） …………………………………… 106
14.2 型消去されたラッパークラス（AnyRealmCollection） …………………………… 106

第15章　デバッグ ……………………………………………………………… 107
15.1 Xcodeでデバッグする方法 …………………………………………………………… 107

第16章　制限事項 ……………………………………………………………… 108
16.1 一般的な制限事項 ……………………………………………………………………… 108
16.2 Realm Object Server …………………………………………………………………… 111

Part3　活用編 …………………………………………………………………… 113

第17章　[逆引き] Realmの取り扱い ………………………………………… 114
17.1 Realmファイルを削除する …………………………………………………………… 114
17.2 Realmを別ファイルに保存する ……………………………………………………… 116
17.3 肥大化したRealmファイルのサイズを最適化する ………………………………… 116

17.4 初期データの入ったRealmファイルをアプリに組む込む ... 117
17.5 異なるRealmにモデルオブジェクトを追加する ... 121
17.6 JSONからモデルオブジェクトを生成する ... 122
17.7 異なるスレッド間でオブジェクトを受け渡す ... 123

第18章 ［逆引き］Realmの注意事項 ... 127
18.1 アプリのバックグラウンドでRealmを使用する場合の注意点 ... 127
18.2 暗号化したRealmとクラッシュレポートツール併用時の注意点 ... 129
18.3 ユニットテスト ... 129
18.4 暗号化キーの生成と安全な管理方法 ... 131
18.5 暗号化を利用した場合のAppStoreへの審査について ... 135

Part4 実装編～Twitterクライアントを作る ... 137

第19章 基本動作の開発 ... 138
19.1 Twitterクライアントを作る ... 138
19.2 ツイートを表示する ... 138
19.3 ツイートにエンティティを追加する ... 142
19.4 タイムラインを表示する ... 148
19.5 通知を使いツイートを動的に更新する ... 150
19.6 ツイートをバックグラウンドスレッドで追加する ... 152
19.7 ツイートを削除する ... 154
19.8 タイムラインをフィルタリングする ... 159

第20章 応用的な開発 ... 163
20.1 関連付いていないモデルの削除 ... 163
20.2 仕様変更のマイグレーションに対応する ... 167
20.3 複数ユーザのログインに対応する ... 169
20.4 その後の開発 ... 172

Appendix A APIリファレンス ... 179

A.0 目次 ... 180

A.1 クラス ... 184
A.1.1 Object ... 184
A.1.2 Realm ... 190
A.1.3 Results ... 203

- **A.1.4** List 212
- **A.1.5** LinkingObjects 225
- **A.1.6** Migration 235
- **A.1.7** Schema 237
- **A.1.8** ObjectSchema 238
- **A.1.9** Property 240
- **A.1.10** RealmOptional 241
- **A.1.11** AnyRealmCollection 242
- **A.1.12** RLMIterator 244
- **A.1.13** ThreadSafeReference 245

A.2 構造体 247
- **A.2.1** Realm.Configuration 247
- **A.2.2** Realm.Error 250
- **A.2.3** PropertyChange 253
- **A.2.4** SortDescriptor 254

A.3 列挙型 256
- **A.3.1** Realm.Notification 256
- **A.3.2** RealmCollectionChange 257
- **A.3.3** ObjectChange 258

A.4 プロトコル 260
- **A.4.1** RealmCollection 260
- **A.4.2** RealmOptionalType 266
- **A.4.3** MinMaxType 267
- **A.4.4** AddableType 267
- **A.4.5** ThreadConfined 268

A.5 関数／タイプエイリアス 269
- **A.5.1** 関数 269
- **A.5.2** タイプエイリアス 270

Appendix B 付録／ツール 271

- **B.1** モデル定義チートシート 272
- **B.2** モデルクラスのテンプレート 273
- **B.3** Realmブラウザ 274

入門編

　本Partでは、モバイルデータベースの基礎から、なぜRealmが作られるようになったのか、iOSでの保存方法などを整理します。また、Realmの特徴と利点を紹介します。

第1章　モバイルデータベース入門
第2章　Realmの特徴と利点

Part1：入門編

モバイルデータベース入門

そもそもデータベースとは何でしょう。データベースという言葉自体は聞いたことがあるかもしれませんが、具体的にどういうものが、何をして、何の役に立つかは実際にデータベースを触れたことがないとイメージしづらいものです。本章では、データベースの具体的な使用例から見ていきましょう。

1.1 データベースとは

　簡潔に説明するのならば、データベースとはさまざまな情報を保存や検索ができる形式にした**情報の集まり**です。少しまだイメージしづらいですね。

　例えばアプリの動作で考えてみます。通常はアプリを完全に終了したらアプリ内で使用していたデータはメモリ上から消えます。そして、次に起動するときはまた一から表示する情報を構築する必要があります。さらに具体的にメモ帳アプリで考えてみると、まずアプリを起動して文章を書き、ある程度書き終えてからアプリを終了します。その後、しばらく経ってから再度アプリを起動時に、前回書いていた内容はすべて消えていて、また一から書き始めなければなりません。これでは、メモ帳アプリとして成り立ちません。

　データベースは、アプリ内で残しておきたいデータを保持する（記録しておく）手段として利用可能です。メモ帳アプリであれば前回書いていた文章を保存できます。また、保存したすべてのメモから特定のメモを探す文字列検索機能を考えたときに、メモをファイルで保存した場合は、すべてのメモファイルを開いて文字列検索を実行する必要がありますが、データベースだと保存したデータを効率良く検索できる機能が備わっているため、メモ数が何万件に増えたとしても効率良く検索することできます。

1.2 データベースの具体的な使用例

　メールアプリを思い浮かべてみましょう。メールアプリが扱うメールの件数は数万件を超え、その中から特定のメールを探すための検索機能もあります（図1.1、図1.2）。

　もしも受信したメールをアプリ内で保持する方法がない場合は、メールアプリを起動した後、メールを読むために毎回サーバからメールを受信する必要があります。ユーザはメールの受信が終わるまで何十秒も待ち続けることになるでしょう。

　他にもメールの検索機能を考えてみたときに、○月くらいに○○さんから受け取った○○という内容のメールを探すなど、さまざまな条件から検索できる機能が求められた場合に、それをすべて一から作るとなると非常に大変です。しかし、データベースはただ単にデータを保存するだけでなく、高機能かつ効率的な検索機能も備わっています。データベース自体の検索機能を利用することで、開発者が実装しなければいけないコード量が減り、検索など

○図1.1：メールアプリ①　　○図1.2：メールアプリ②

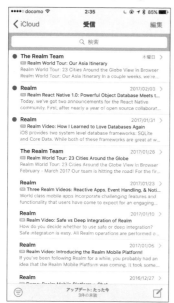

のさまざまな機能をより効率的に実現することができます。

1.3 iOSで用意されている保存方法

iOSにはデータベースを含むさまざまな保存方法が用意されています。それぞれ一長一短があり、データの種類と用途によって使用する保存方法を選択する必要があります。

バイナリ

データをバイナリファイルとして直接保存する方法です（**リスト1.1**）。

【メリット】
- ファイルで保存するので、フォルダとファイル名で管理できる
- 画像など元々バイナリファイルのものなら手軽に保存可能

【デメリット】
- ファイル数が増えるとすべてのファイルを対象にした検索が非効率になる
- Swiftのクラスなどバイナリへの変換が必要なデータは、保存と復元のたびに変換にかかる処理時間が発生する

○リスト1.1：バイナリファイルで保存する例

```swift
// 辞書オブジェクト
var dictionary = ["name": "realm",
                  "type": "database"]
// 辞書オブジェクトをバイナリ(Data型)に変換
var data = NSKeyedArchiver.archivedData(withRootObject: dictionary)
// バイナリをファイルに書き込む(保存)
try! data.write(to: fileURL)

// バイナリファイルからバイナリを取得、オブジェクトに変換
dictionary = NSKeyedUnarchiver.unarchiveObject(
                        withFile: filePath) as! [String: String]
```

UserDefaults

plist形式（XMLファイル）でデータを保存する方法です（リスト1.2）。

【メリット】

- UserDefaultsクラスを使用し、すでにさまざまな型が保存・取得できる関数が用意されているので非常に簡単に使える

【デメリット】

- 使用するにはすべてのデータをメモリに展開する必要があるため、大量にデータを保存しているとメモリの消費量が大きく、大量のデータ保存には不向き
- 単純なキーバリュー型の構造で、直接的な検索機能はない

○リスト1.2：UserDefaultsで保存する例

```swift
// UserDefaultsのグローバルインスタンスを取得する。
// Library/Preferences/<アプリのBundle Identifier>.plistに保存される。
let userDefaults = UserDefaults.standard
// Dictionaryを保存
userDefaults.set(["name": "realm",
                  "type": "database"],
                 forKey: "dict")
// Intを保存
userDefaults.set(100, forKey: "integer")

// 保存したDictionaryを取得
let dict = userDefaults.object(forKey: "dict") as! [String: String]
// 保存したIntを取得
let integer = userDefaults.integer(forKey: "integer")
```

SQLite

アプリでの利用を想定して設計された軽量のデータベースです。

【メリット】

- 他の一般的なデータベースでも使われている、SQLというデータベース言語（問い合わせ言語）を使用している

- 高速に動作する
- 多彩な検索方法がサポートされている
- 初版のリリースから17年経ち、信頼性の高い安定した技術

【デメリット】
- iOSのフレームワークでサポートされているのはSQLiteを操作するための最小限な部分であるため、データベースを操作するためのコード量は多くなる
- 非同期処理など同時書き込みに対応するには、ロックやトランザクションを制御／管理する必要がある
- SQLを使えるのはメリットにもなるが、逆にSQLを知らない場合はSQLの仕様を新たに覚える必要がある

Core Data

iOSがサポートしているデータ管理のためのフレームワークです。

【メリット】
- フレームワークがサポートしている機能が豊富で、データストレージとしてSQLiteの他にもXMLやバイナリ形式を選択可能
- フィルタリング（NSFetchRequest）機能も充実しており、SQLでできることはほぼ実現可能
- リレーションのDelete Ruleやアンドゥ・リドゥ機能、iCloudとの同期機能などiOSならではの付加機能もサポートされている
- テーブル定義をXcode上のGUIで設計できる

【デメリット】
- 処理は比較的重い
- 特にデータベースが肥大化してくると、全体のパフォーマンスへの影響が著しい
- SQLiteは高速だが、Core Dataのデータストレージとして使用するSQLiteは、Core Dataフレームワークによるオーバヘッドが大きいためパフォーマンスが落ちる
- 全体的にコード量は多く、非同期処理への対応も煩雑
- フレームワークがサポートしている機能が豊富なため、使用するクラス数も多く学習コストが高い

1.4 なぜRealmが作られたのか

データベースといえば主にサーバサイドのデータベースのことを指します。実はモバイル向けに設計されたデータベースというのは非常に数が少なく、有用なものは2000年に初版がリリースされたSQLiteくらいになります。SQLiteはリリースから17年が経過し、安定した技術としてiOSでもサポートされています。

Part1：入門編

　初代iPhoneは2007年にリリースされました。その後iPhoneはバージョンアップを重ね、現在では数GBのメモリで、ストレージは何十GBも搭載するようになりました。またモバイル端末を取り巻く環境も大きく変化し、高速なモバイル通信環境も整備され、より多くのことがモバイル端末で実現可能になりました。

　このように2000年から大きく変化した現在のモバイル端末事情に、SQLiteはマッチしているかという疑問からRealmの開発がスタートしています。Realmは、現在のモバイル端末事情を考慮し、一から設計されています。扱うデータ量の増加への対応もさることながら、サーバサイドのデータベースではあまり考慮されないメインスレッドを阻害しないようにするマルチスレッドでのデータベース操作の扱いやすさや、リアルタイムに変化し続けるデータに対するUIの更新方法など、アプリでの利用しやすさを重視したAPI設計になっています。

第2章 Realmの特徴と利点

Realmの特徴として「テーブル定義」「API」「速度」「マルチプラットフォーム対応」などが挙げられます。本章では1つずつ説明していきます。

2.1 テーブル定義（モデル定義）

データベースには、「どのような値」を「どのような型」で取り扱うかを決めるテーブル定義（モデル定義）を設定する必要があります。SQLiteであればSQLで、Core DataであればXcodeのData Model（.xcdatamodeld）で定義します。加えて、データベースでのテーブル定義とは別に、それらをSwiftのオブジェクトとして扱うためのクラス定義も必要になります。

Realmでは、データベースに対して直接テーブル定義を設定する必要がありません。Swiftのクラス定義をするだけで、それがデータベースのテーブル定義となります（リスト2.1）。

テーブル定義とクラス定義が同一なので、データベースがどのようなテーブル定義になっているかは、クラス定義を見れば一目でわかります。

2.2 API

APIは、3種類の一般的なクラス（Object、List、Realm）と1つのユーティリティクラス（Migration）で構成され、簡単に各クラスを把握できるようになっています。そのほかにも、次の特徴があります。

- 1対1、1対多の関連はモデルオブジェクトから構築可能
- マイグレーションは、スキーマバージョンを利用し直線的に順次実行できるため簡単に本番環境でのデータ更新が可能
- デフォルトで完全にACIDなトランザクション（データベースに対する一つの処理単位）

○リスト2.1：テーブル定義とクラス定義が同一

```
class Person: Object {
    dynamic var name = ""
    let dogs = List<Dog>()
}

class Dog: Object {
    dynamic var name = ""
    dynamic var age = 0
}
```

- データベースはスレッドごとに一貫性を保ったデータを持つため、容易にマルチスレッド化が可能

Realmのモデルオブジェクト生成から保存、取得までの全体の流れは**リスト2.2**のようになります。

Column　トラザクションで出てくるACIDとは？

ACIDとは次の英単語の頭文字を取った用語で、トランザクションが持つべき性質のことです。

- Atomicity（原子性）
  更新内容の一部だけが実行されことはなく、すべて実行されるか、すべて取り消されるかのどちらか
- Consistency（一貫性）
  データの整合性が保たれ、不可能な更新処理は実行されない
- Isolation（独立性）
  更新中の処理が他の更新中の処理の影響を受けることなく独立している
- Durability（永続性）
  更新が完了したら結果は記録（永続）され、システムトラブルによって失われない

○リスト2.2：モデルオブジェクト生成から保存、取得までの全体の流れ

```
// モデルオブジェクトの生成
let mydog = Dog()
mydog.name = "Rex"
mydog.age = 9

// デフォルトRealm（ストレージ上のデータベースファイル）にアクセス
let realm = try! Realm()

// フルACIDが保証されているトランザクション
realm.beginWrite()
realm.add(mydog) // モデルオブジェクトの追加
try! realm.commitWrite()

// クエリ
let results = realm.objects(Dog.self).filter("name CONTAINS 'x'")

// モデルオブジェクトの生成
let person = Person()
person.name = "Tim"
person.dogs.append(mydog) // 1対多の関連を追加

realm.beginWrite()
realm.add(person) // モデルオブジェクトの追加
try! realm.commitWrite()
```

```
// マルチスレッドでデータベースにアクセス
DispatchQueue.global().async {
    let realm = try! Realm() // バックグラウンドスレッドからデフォルトRealmにアクセス

    // モデルオブジェクトの生成
    let otherdog = Dog()
    otherdog.name = "Hachi"
    otherdog.age = 5

    realm.beginWrite()
    realm.add(otherdog)  // モデルオブジェクトの追加
    try! realm.commitWrite()
}
```

2.3 速度

　iOSでSQLiteを使用する場合は、iOSのフレームワークは必要最小限のAPIしか提供していないため、そのままでは扱いが難しい部分があります。それらを解決するために、SQLiteをデータストレージに採用し、その上に再設計されたデータベースやAPIを構築している、iOSのCoreDataフレームワークやサードパーティ製のデータベースライブラリを使用します。しかし、これらはSQLiteと同レベルの機能を提供するためにスピードを犠牲にしていることが多いです。

　Realmは、非常に豊富な機能を維持しながら一般的な操作ではSQLiteよりも高速です。図2.1～図2.3は、Realmが公開している各ライブラリを比較したベンチマーク結果です。各ライブラリは2014年9月15日時点での最新バージョンを使用し、iPad Airで実行されています。

○図2.1：ベンチマーク結果（カウント）

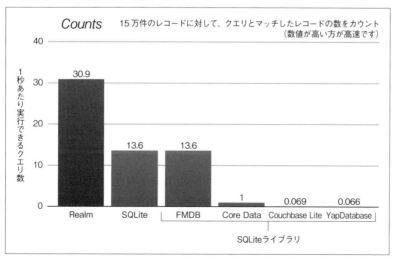

○図2.2：ベンチマーク結果（クエリ）

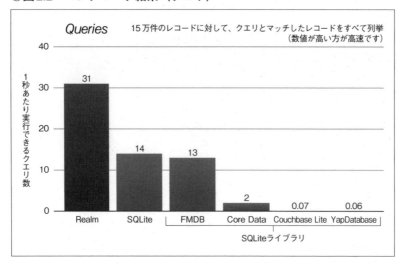

○図2.3：ベンチマーク結果（インサート）

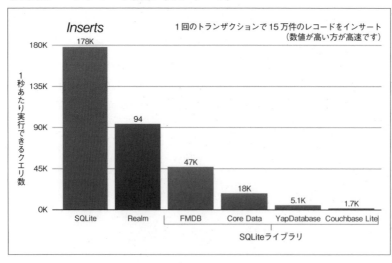

2.4 複数のプラットフォームに対応

　Realmは複数のプラットフォームをサポートしているので、さまざまなプログラミング言語、OSでの利用可能です。現在対応しているものは次のとおりです。

【ネイティブ言語でサポート】
- iOS（Objective-C、Swift）
- Android（Java、Kotlin）

【iOS、Androidのクロスプラットフォーム開発環境】
- React Native（JavaScript）
- Xamarin（C#）

　Realmは各種言語で利用可能で、データベースファイルフォーマットは完全なマルチプラットフォーム対応となっています。例えばiOSで作ったRealmファイルをAndroidで開くことも可能です。

2.5 ユーザサポート

　Realmの開発元は米国の企業ですが、日本語での問い合わせが可能なユーザサポートの窓口が用意されています。

- Realm Japan User Group
  URL https://www.facebook.com/groups/realmjp/
- Slack
  URL http://slack.realm.io/

　データベースはアプリの要件によって設計が異なり、実装方法を体系化するのには限界があります。またデータベースの挙動や、特定機能を実装するのにRealmでの最適な方法、さらにRealmの不具合報告など、個々の要件に沿った話が日本語でできる窓口があることは非常に心強いです。

問い合わせの注意点

　問題を解決するためにはさまざまな情報が必要です。次の項目のように、できるだけ多くの情報を示すことで、より早く問題が解決できる可能性が高まります。

- あなたが実際にやりたいこと／目的
- 期待している結果
- 実際に発生した結果
- 問題の再現方法
- 問題を再現、または理解できるサンプルコード（理想的にはそのままビルドして実行できるXcodeプロジェクト）
- Realm、Xcode、macOS（OS X）のバージョン。（利用している場合）CarthageやCocoaPodsなどのパッケージマネージャのバージョン
- 問題の発生するプラットフォーム（iOSやtvOSなど）、OSのバージョン、アーキテクチャ（例：64-bit iOS 8.1）

- クラッシュログ、クラッシュレポート、スタックトレース
- RealmファイルやRealmの関連ファイル（参照 17.1：Realmファイルを削除する－補助的に作成されるRealmの関連ファイル）

2.6 オープンソースソフトウェア（OSS）

　RealmとRealmのコア部分に当たるC++で独自実装されたストレージエンジンの両方がオープンソースとして公開されています。ライセンスは、Apache License version 2.0です。

　オープンソースとして公開されている利点は、ドキュメントだけでは判断が難しい挙動の実装を確認できることです。他にも、Realmのデータベースとしての複雑な機能が、どのように設計され、どのように実装されているかを見られるだけでも非常に有益です。

　GitHubに公開されているオープンソースなので直接開発チームに問題（Issue）や、機能改善や修正などのリクエスト（Pull request）を送ることも可能です。

基礎編

本Partでは、Realmをインストールしてから、モデル定義、モデルオブジェクトの操作、自動更新、通知など、ひととおりの機能を説明していきます。

第3章　Realmのインストール
第4章　Realmクラス
第5章　モデル定義
第6章　モデルオブジェクトの生成と初期化
第7章　モデルオブジェクトの追加／更新／削除
第8章　モデルオブジェクトの取得
第9章　自動更新（ライブアップデート）
第10章　マルチスレッド
第11章　通知
第12章　Realmの設定
第13章　マイグレーション
第14章　その他のクラス／プロトコル
第15章　デバッグ
第16章　制限事項

Realmのインストール

それでは、XcodeのプロジェクトにRealmをインストールしてみましょう。インストール方法は3種類（❶～❸）が用意されています。

3.1 ❶Dynamic Framework

Dynamic Framework（ダイナミックフレームワーク）を使用したインストール方法です。Dynamic Frameworkは、図3.1のWebページにある「latest release of Realm」からダウンロード可能です。

> 【サンプル】
> サンプル/03-01_DynamicFramework/RealmInstallDynamicFramework.xcodeproj

○図3.1：Dynamic Frameworkのインストール（https://realm.io/docs/swift/latest/#installation）

インストール手順

①ダウンロードしたZIPファイルを展開してください。

②展開したフォルダ内にあるios/swift-3.0.2/フォルダ（Swiftのバージョンが異なる場合は適宜選択してください）からRealm.frameworkとRealmSwift.frameworkをXcodeプロジェクトの［Embedded Binaries］にドラッグ&ドロップしてください（図3.2）。このとき、［Copy items if needed］にチェックが入ってることを確認してから［Finish］をクリッ

クしてください。フレームワークを追加後（図3.3）、［Build Settings］の［Framework Search Paths］に自動で適切なパスが追加されていることが確認できます（図3.4）。

> ⚠ フレームワークを別の方法で追加した場合は、［Build Settings］の［Framework Search Paths］にフレームワークへの適切なパスを入力しないとビルドエラーが発生します。

③iOS、watchOSまたはtvOSのプロジェクトで利用する場合は、アプリケーションのターゲットの［Build Phases］タブで新しく［Run Script Phase］を追加し（図3.5、図3.6）、**リスト3.1**のスクリプトをそのまま入力してください。Embedded Binariesにフレームワークを追加するとBuild Phasesには「Embed Frameworks (2 items)」のCopy Files Phaseが追加されていますが、スクリプトはこのEmbed FrameworksのCopy Files Phaseよりも後に実行するようにしないと（上から順番に実行される）ビルドエラーが発生します。この手順はアプリケーションを申請する際のiTunes Connectの不具合を回避するために必要です。

> 📖 Realm.frameworkはObjective-Cで実装されたRealmです。RealmSwift.frameworkはSwiftで書かれているのですが、内部の実装はRealm.frameworkに依存しています。そのため、SwiftでRealmを使用する場合でも、両方のフレームワークが必要となります。
> 　Dynamic Frameworkとは、コンパイルされたコードとアセットをまとめた単一のパッケージ（Framework）で、リンクはランタイム時（Dynamic）に行われます。

○図3.2：Dynamic Frameworkのインストール（その1）

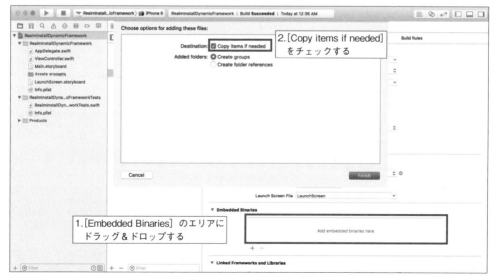

Part2：基礎編

○図3.3：Dynamic Frameworkのインストール（その2）

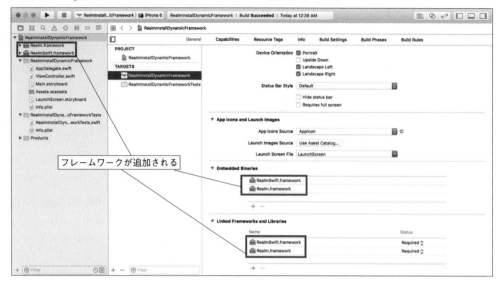

○図3.4：Dynamic Frameworkのインストール（その3）

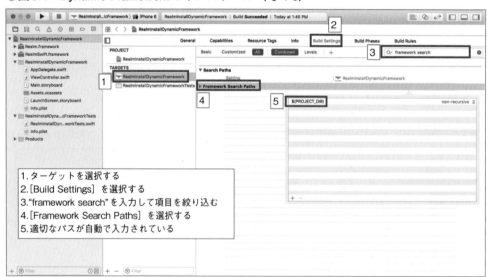

1. ターゲットを選択する
2. [Build Settings] を選択する
3. "framework search" を入力して項目を絞り込む
4. [Framework Search Paths] を選択する
5. 適切なパスが自動で入力されている

第3章：Realmのインストール

○図3.5：Dynamic Frameworkのインストール（その4）

○図3.6：Dynamic Frameworkのインストール（その5）

○リスト3.1：追加するスクリプト

```
bash "${BUILT_PRODUCTS_DIR}/${FRAMEWORKS_FOLDER_PATH}/Realm.framework/strip-
frameworks.sh"
```

ユニットテスト時の設定

　ユニットテストを追加した場合は、ユニットテストのターゲットにフレームワークの検索パスを追加する必要があります。ユニットテストのターゲットを選択し、[Build Settings]タブの[Framework Search Paths]にRealmSwift.frameworkの親フォルダのパスを追加してください（**図3.7**）。前述の方法でフレームワークを追加している場合は、フレームワークはXcodeプロジェクトと同一階層にコピーされているので、"$(PROJECT_DIR)"を記述すると正しいパスになります。

> 📖 Xcodeはいくつかデフォルトで持つ環境変数があり、"$(PROJECT_DIR)"はXcodeプロジェクト（.xcodeproj）ファイルがある同じディレクトリを指します。

○図3.7：Dynamic Frameworkのユニットテスト時の設定

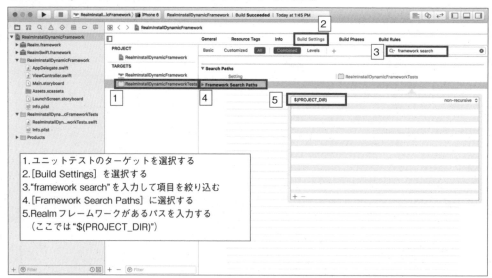

3.2 ❷ CocoaPods

CocoaPodsというサードパーティ製のライブラリ管理ツールを使用したインストール方法です。

> 💡【サンプル】
> サンプル/03-02_CocoaPods/RealmInstallCocoaPods.xcworkspace
> ※CocoaPodsはワークスペース（.xcworkspace）を開く必要があることに注意してください。

インストール手順

①CocoaPods 0.39.0以降をインストールしている必要があります。
②Podfileはリスト3.2のように、"use_frameworks!"と"pod 'RealmSwift'"を記述します。PodfileはXcodeプロジェクト（.xcodeproj）と同一のディレクトリに置きます。
③ターミナルでpod installを実行してください（XcodeプロジェクトとPodfileがあるディレクトリで実行してください）。
④CocoaPodsによってワークスペース（.xcworkspace）が作られます。開発時はこのワークスペースを使います。

○リスト3.2：Podfileの例

```
target 'プロジェクトのターゲット名' do
  use_frameworks!
  pod 'RealmSwift'
end
```

インストールに失敗する場合

CocoaPodsのインストールに失敗する原因は、キャッシュや環境など複合的な要因が考えられます。まずは、次の方法を試してください。

■CocoaPodsのキャッシュを削除する

ターミナルを起動し、リスト3.3のコマンドを実行すると、CocoaPodsのキャッシュが削除されます。

○リスト3.3：CocoaPodsのキャッシュを削除する

```
pod cache clean Realm
pod cache clean RealmSwift
```

Xcodeプロジェクトのルートディレクトリで実行してください。

■XcodeプロジェクトからCocoaPodsを削除する

ターミナルを起動し、リスト3.4のコマンドを実行すると、XcodeプロジェクトからCocoaPodsが削除されます（Podfile、Podfile.lock、.workspaceは残ります）。なお、このコマンドは、CocoaPods 1.0以上で利用可能です。1.0未満では、cocoapods-deintegrate（https://github.com/CocoaPods/cocoapods-deintegrate）プラグインをインストールする必要があります。

○リスト3.4：XcodeプロジェクトからCocoaPodsを削除する

```
pod deintegrate
```

Xcodeプロジェクトのルートディレクトリで実行してください。

■Buildディレクトリを削除する

~/Library/Developer/Xcode/DerivedData/プロジェクト名-乱数/Build/にXcodeプロジェクトをビルドした生成物（.app）や中間生成物があります。これらを削除するには、ショートカットキーの Option + Shift + Command + K を押す、またはXcodeのメニューにある［Product］を選択し、Option キーを押しながら［Clean Build Folder…］を選択します。

■DerivedDataを削除する

~/Library/Developer/Xcode/DerivedData/プロジェクト名-ランダムな文字列/フォルダ配下にビルドの生成物、インデックス、ログなどがあります。プロジェクト名-ランダムな文字列フォルダごと削除することでビルド時のキャッシュなどを削除できます。

ターミナルからリスト3.5のコマンドで実行すると、すべてのDerivedDataが削除されます。これは再帰的にディレクトリとファイルをすべて削除するコマンドなので、誤ったパスを入力しないように注意してください。

○リスト3.5：DerivedDataを削除する

```
rm -rf ~/Library/Developer/Xcode/DerivedData
```

■詳細ログを表示してインストールする

リスト3.6のようにpod installに--verboseオプションを付けて実行すると、インストール実行中の詳細なログが表示されます。ログがエラー原因を発見するために役に立つ可能性があります。

○リスト3.6：詳細ログを表示してインストールする

```
pod install --verbose
```

Realm Coreのダウンロードに失敗する場合

（特にCocoaPodsを使っていて）Realmがビルドされるときには、自動的にRealm Coreライブラリをスタティックライブラリとしてダウンロードし、Realm-Cocoaプロジェクトに組み込みます。次のようなメッセージが表示された場合は、ビルド時のCoreライブラリのダウンロードに失敗しています。

Downloading core failed. Please try again once you have an Internet connection.

このエラーが起こるのは、次のいずれかの理由によります。

- 米国輸出規制法のリスト[注1]に含まれる国のIPアドレスが割り当てられている
  Realmは米国輸出規制法のリストに含まれる国で使用できません。詳細はライセンス条項[注2]を確認してください。
- 中国国内、あるいは国レベルのファイアウォールによってCloudFlareまたはAmazon AWS S3へのアクセスを制限している国からアクセスしている
  詳細はGitHub上のIssue（Core occasionally cannot be downloaded from China #2713[注3]）を確認してください。
- Amazon AWS S3が障害により一時的に利用できなくなっている
  AWS Service Health Dashboard[注4]でサービスの稼働状況を確認し、障害が解決された後で再度やり直してください。

注1　米国輸出規制法のリスト URL https://en.wikipedia.org/wiki/United_States_embargoes
注2　ライセンス条項 URL https://github.com/realm/realm-cocoa#license
注3　GitHubのIssue (Core occasionally cannot be downloaded from China #2713) URL https://github.com/realm/realm-cocoa/issues/2713
注4　AWS Service Health Dashboard URL http://status.aws.amazon.com/

3.3 ❸ Carthage

　Carthageというサードパーティ製のライブラリ管理ツールを使用したインストール方法です。

> 💡【サンプル】
> サンプル/03-03_Carthage/RealmInstallCarthage.xcodeproj

インストール手順

① Carthage 0.17.0以降をインストールしている必要があります。

② Cartfileは**リスト3.7**のように"github "realm/realm-cocoa""を記述します。Cartfileは Xcodeプロジェクト（.xcodeproj）と同一のディレクトリに置きます。

③ コマンドラインでcarthage updateを実行してください（XcodeプロジェクトとCartfileがあるディレクトリで実行してください）。

④ carthage updateによって各プラットフォームのDynamic Frameworkを含むCarthageフォルダが作られます。Carthage/Build/iOS/フォルダからRealm.frameworkとRealmSwift.frameworkをXcodeプロジェクトの［Embedded Binaries］にドラッグ＆ドロップしてください（**図3.8**）。［Copy items if needed］のチェックは**外して**から［Finish］をクリックしてください（チェックを外すのはCarthage/Build/iOS/がXcodeのプロジェクトフォルダ配下にあるためです）。

　フレームワークを追加後（**図3.9**）、［Build Settings］の［Framework Search Paths］に自動で適切なパスが追加されていることが確認できます（**図3.10**）。

⑤ iOS、watchOSまたはtvOSのプロジェクトで利用する場合は、アプリケーションのターゲットの［Build Phases］タブで新しく［Run Script Phase］を追加し、**リスト3.8**のスクリプトを入力してください。この手順はアプリケーションを申請する際のiTunes Connectの不具合を回避するために必要です。

　追加したスクリプトの［Input Files］にはRealmフレームワークとRealmSwiftフレームワークのパスを指定します（**図3.11**、**図3.12**）。この手順どおりなら**リスト3.9**のようになりますが、フレームワークのパスが異なる場合は適宜変更してください。

⑥ ユニットテストでの設定は「Dynamic Framework」の「ユニットテスト時の設定」（P.18）を参照してください。

> 📖 Carthageは、Cartfileに記述したリポジトリのXcodeプロジェクトの情報からDynamic Frameworkを作成しています。

第3章：Realmのインストール

○リスト3.7：Cartfileの例

```
github "realm/realm-cocoa"
```

○図3.8：Carthageのインストール（その1）

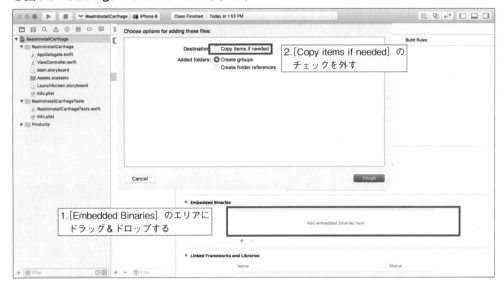

○図3.9：Carthageのインストール（その2）

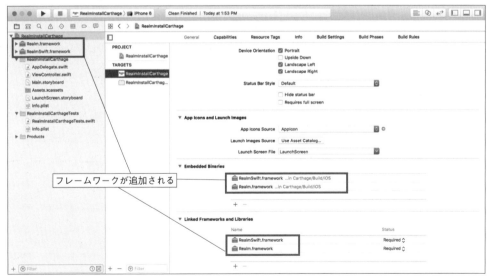

Part2：基礎編

○図3.10：Carthageのインストール（その3）

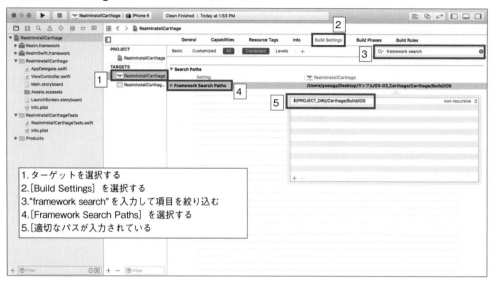

1. ターゲットを選択する
2. [Build Settings] を選択する
3. "framework search" を入力して項目を絞り込む
4. [Framework Search Paths] を選択する
5. [適切なパスが入力されている

○図3.11：Carthageのインストール（その4）

1. ターゲットを選択する
2. [Build Phases] を選択する
3. [+] ボタンを選択する
4. [New Run Script Phase] を選択する

第 3 章：Realm のインストール

○図3.12：Carthage のインストール（その 5）

○リスト3.8：追加するスクリプト

```
/usr/local/bin/carthage copy-frameworks
```

○リスト3.9：RealmフレームワークとRealmSwiftフレームワークのパス（例）

```
$(SRCROOT)/Carthage/Build/iOS/Realm.framework
$(SRCROOT)/Carthage/Build/iOS/RealmSwift.framework
```

第4章 Realmクラス

Realmクラスはモデルオブジェクトの追加や削除、検索などデータベース自体の操作を担うクラスです。データベースを操作するためには、まずはRealmオブジェクトの取得から行います。

4.1 デフォルトRealmの取得

最も簡単なデータベースの利用方法は、デフォルトRealmと呼ばれるデフォルト設定がされたRealmを使うことです。リスト4.1のようにしてデフォルトRealmを取得できます。デフォルト設定の変更や、カスタマイズした設定でRealmを初期化し生成する方法は、第12章：Realmの設定を参照してください。

4.2 Realmインスタンス取得時のエラー処理

Realmインスタンスの生成は、throwsキーワードで宣言され、一般的なファイル入出力の処理と同様にリソースが不足している環境下では失敗する可能性があり、失敗した場合はNSErrorをスローします。スローされるエラーをdo-catchで受け取ることで、Realmが開けなかった場合のリカバリー処理を行うことができます（リスト4.2）。

本書では記述を簡略化するため、try!を使用しています。try!は例外が発生した場合にクラッシュします。実際のアプリ開発では適宜エラー処理に対応する必要があります。各エラー内容の詳細については、Appendix A.2.2：Realm.Errorを参照してください。

> エラーは、各スレッドにおいて最初にRealmインスタンスを生成しようとするときのみ起きる可能性があります。それ以降のアクセスではスレッドごとにキャッシュされたインスタンスが返されるので、失敗することはありません（参照 10.5：Realmの内部キャッシュ）。

○リスト4.1：デフォルトRealmの取得

```
let realm = try! Realm()
// このrealmインスタンスを使ってデータベースの操作を行います。
```

○リスト4.2：Realmインスタンス取得時のエラー処理

```
do {
    let realm = try Realm()
    /* データベースの操作 */
} catch {
    // Realmが開けなかった場合のエラー処理
}
```

モデル定義

Realmではクラス定義がそのままモデル定義（テーブル定義）になります。本章では、プライマリキー（主キー）やインデックス（索引）なども含めたモデル定義を説明します。

5.1 モデル定義とは

モデル定義とはデータベースで「どのような値」を「どのような型」で取り扱うかを決めることです。Realmの特徴として、クラス定義がそのままモデル定義となります。

リスト5.1のようにPersonが継承しているObjectクラスは、RealmSwiftで定義しているモデルの基底クラスです。このObjectクラスを継承したクラスがRealmで保存可能なモデルクラスとなります。

Realmのモデル定義は、**Objectクラスを継承したモデルクラスを定義し、そのモデルクラスにデータベースに保存したいプロパティを定義すること**になります。

5.2 プロパティ

プロパティ定義は、扱う型によってそれぞれ定義方法が決められています。

データ型のプロパティ

データ型をプロパティ定義することで、対象のデータをデータベースに保存できます。サポートしているデータ型は次のとおりです。

- Bool
- Int、Int8、Int16、Int32、Int64
- Float、Double
- String、NSString
- Data、NSData
- Date、NSDate
- RealmOptional<T>（Bool、Int、Float、Doubleのオプショナル型を定義するためのラッパークラス）

○リスト5.1：モデル定義（例）

```
import RealmSwift

class Person: Object { // RealmSwift.Objectクラスを継承する必要があります。
    // このクラス内にデータベースで扱いたい値をプロパティ定義します。
}
```

> 小数型を使用する場合は、FloatまたはDoubleを使用してください。CGFloat型はプラットフォーム（CPUアーキテクチャ）によって実際の定義が変わるため、使用しないようにしてください。

■非オプショナル型の定義

非オプショナル型のプロパティ定義はdynamic var属性を使用する必要があります。dynamicキーワードが必要となる理由は、Realmモデルのプロパティは内部で専用のアクセスメソッドに置き換えられるためです。

非オプショナル型のプロパティ定義には**必ずデフォルト値を指定する**が必要があります（**リスト5.2**）。これはRealmがモデル定義の内容を解析するために必要な技術的問題による制約です。**デフォルト値を指定しないと実行時に例外**が発生します。

> デフォルト値が必要な理由は、Realmはモデル定義の内容を解析するのにSwiftフレームワークのMirror(reflecting:)を利用しており、Mirror(reflecting:)にはインスタンス化したオブジェクトが必要になるからです。つまり、Realmがモデル定義の内容を解析する流れの中で、一度モデルオブジェクトをインスタンス化することになり、そのタイミングでのinit()を成功させるために、デフォルト値が必要な仕様となっています。

■オプショナル型の定義

String、Date、Dataをオプショナル型で定義するにはdynamic var属性を使用し、Swift標準の文法でオプショナル型の定義をします（**リスト5.3**）。Bool、Int、Double、Floatの数値型をオプショナル型で定義するには、letでRealmSwiftに定義されているRealmOptionalクラスでラップする必要があります。これはRealmSwiftの内部でObjective-Cの機能を利用しているために必要な技術的問題による制約です。

○リスト5.2：非オプショナル型の定義

```
class CustomObject: Object {
    dynamic var bool = false            // Bool
    dynamic var int = 0                 // Int
    dynamic var float: Float = 0        // Float
    dynamic var double: Double = 0      // Double

    dynamic var string = ""             // String
    dynamic var date = Date()           // Date
    dynamic var data = Data()           // Data
}
```

○リスト5.3：オプショナル型の定義

```
class CustomObject: Object {
    let boolOptional = RealmOptional<Bool>()       // Boolのオプショナル型
    let intOptional = RealmOptional<Int>()         // Intのオプショナル型
    let floatOptional = RealmOptional<Float>()     // Floatのオプショナル型
    let doubleOptional = RealmOptional<Double>()   // Doubleのオプショナル型

    dynamic var stringOptional: String?            // Stringのオプショナル型
    dynamic var dateOptional: Date?                // Dateのオプショナル型
    dynamic var dataOptional: Data?                // Dataのオプショナル型
}
```

関連のプロパティ

　Realmのモデルオブジェクトをプロパティ定義することで、関連（リレーションシップ）を持つことができます。関連とはデータベースで使用される一般的な用語で、モデル同士のつながりがある状態を意味します。関連には1対1（または0）の関連や、1対多（0以上）の関連があります。

■1対1の関連

　モデルオブジェクト同士で図5.1のように1対1の関連を持つには、モデルオブジェクトをオプショナル型でdynamic var属性を使用し、プロパティ定義をします。（リスト5.4）。

!　1対1の関連で非オプショナル型を定義することはできません。

■1対多の関連（Listクラス）

　モデルオブジェクト同士で図5.2のように1対多の関連を持つには、RealmSwiftのListク

○図5.1：1対1の関連

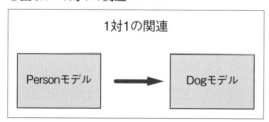

○リスト5.4：1対1の関連

```
class Person: Object {
    dynamic var dog: Dog? // Dogモデルと1対1の関連
}

class Dog: Object {
}
```

ラスを使用します（**リスト5.5**）。Listクラスは、コレクションクラスでArrayとよく似たプロパティやメソッドを持っています。Arrayと大きく異なる点は、Objectまたはそのサブクラスのみ格納できるというところです。

　Listのプロパティ定義はletで宣言し、dynamicを使用しません。これは動的ディスパッチを利用したときに使われるObjective-Cランタイムではジェネリクスを表現できないためです。また、Listの初期化にはジェネリクスが使用されているため、型パラメータ（**リスト5.5**だと<Cat>の部分）が必要となります。

> ⚠ SwiftのArrayクラスは使用できません（Realmに保存できません）。

■ 逆方向の関連（LinkingObjectsクラス）

　Realmでは1対1、1対多の関連に対しての**図5.3**のような逆方向の関連（バックリンク）を持つことができます。逆方向の関連を持つ場合は、RealmSwiftのLinkingObjectsクラスを使用します（**リスト5.6**）。

　LinkingObjectsクラスは読み取り専用のコレクションクラスです。Arrayとよく似たプロ

○図5.2：1対多の関連

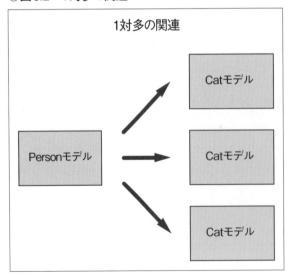

○リスト5.5：1対多の関連

```
class Person: Object {
    let cats = List<Cat>() // Catモデルと1対多の関連
}

class Cat: Object {
}
```

パティやメソッドを持っていますが、読み取り専用なのでappend(_:)やremove(at:)など要素を編集するメソッドを持っていません。Arrayと大きく異なる点は、Objectまたはそのサブクラスのみ格納できるというところです。

LinkingObjectsは初期化時に、第一引数のfromTypeで逆方向の関連を持つモデルクラス（リスト5.6ではArticleモデル）を、第二引数のpertyに自身（Tagモデル）がそのモデルクラス（Articleモデル）のどのプロパティ定義と逆方向の関連かを指定します。プロパティはRealmオブジェクトの初回アクセス時に検証され、存在しないモデルクラス、プロパティを指定した場合には例外が発生します。

LinkingObjectのプロパティ定義はletで宣言し、dynamicを使用しません。これは動的ディスパッチを利用したときに使われるObjective-Cランタイムではジェネリクスを表現できないための技術的制約です。

LinkingObjectsの要素は、1対1や1対多の関連の方に追加や削除されると自動で更新される特殊なコレクションクラスで、直接LinkingObjectsの要素を編集する必要がない仕組

○図5.3：逆方向の関連

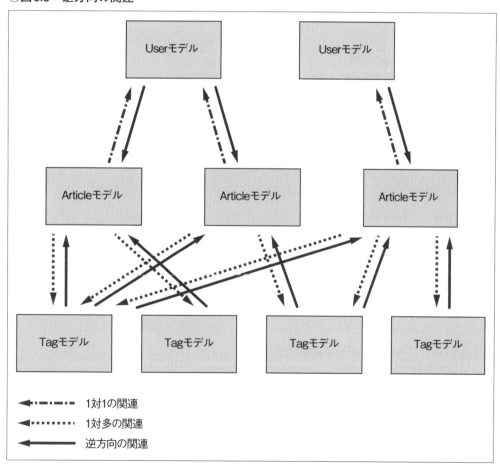

みとなっています。例えばリスト5.6だと、記事（Articleクラス）のtagsプロパティにタグ（Tagクラス）を追加するだけで、そのタグが持つ逆方向の関連であるarticlesプロパティにその記事が自動で追加されます。さらに詳しい自動更新の挙動については第9章：自動更新（ライブアップデート）を参照してください。

5.3 プライマリキー（主キー）

　プライマリキーとは、データベースで一般的に使われている用語で、オブジェクトの同一判定に使用するプロパティを指定するものです。指定されたプロパティの値は結果とし一意（ユニーク）になります。プライマリキーに指定したプロパティは効率的に検索／更新できます。

　プライマリキーは、ObjectクラスのprimaryKey()をオーバーライドして指定します。リスト5.7のようにTagモデルのnameプロパティをプライマリキーに指定することによって、重複した名前のTagモデルがデータベースに追加させられるのを防ぐことができます。

　プライマリキーに指定されたプロパティは、一意性が強制され、インデックスが作成されます（参照 5.4：インデックス（索引））。また、プライマリキーは、1つのみ指定できます（複

○リスト5.6：逆方向の関連

```
/*
記事(Article)、ユーザ(User)、タグ(Tag)のモデル定義です。
記事モデルには記事を書いたユーザが1人、タグは複数と関連を持てます。
*/
class Article: Object {
    dynamic var writer: User?      // Userモデルと1対1の関連
    let tags = List<Tag>()         // Tagモデルと1対多の関連
}

class User: Object {
    // Articleモデルのwriterプロパティに対して逆方向の関連
    let articles = LinkingObjects(
            fromType: Article.self, // 逆方向の関連を持つモデルクラスを指定
            property: "writer")     // 定義してあるプロパティ名を指定
}

class Tag: Object {
    // Articleモデルのtagsプロパティに対して逆方向の関連
    let articles = LinkingObjects(fromType: Article.self,
                                  property: "tags")
}
```

○リスト5.7：プライマリキーの定義（例）

```
class Tag: Object {
    dynamic var name = ""

    override static func primaryKey() -> String? {
        return "name" // nameプロパティをプライマリキーに指定
    }
}
```

合プライマリキーはサポートしていません）。プライマリキーにオプショナル型のプロパティ
も指定できますが、nilが一意（重複不可）という挙動になります。

5.4 インデックス（索引）

　インデックスとは、データベースで一般的に使われている用語で、データベースから**効率
良く値が検索できるデータ構造**を構築することです。インデックスは、Objectクラスの
indexedProperties()メソッドをオーバーライドし、インデックスを作成したいプロパティの
名前を配列で返すことで指定できます（リスト5.8）。

　インデックスに指定したプロパティは「=」や「IN」を使った検索条件の速度が大幅に向
上しますが、その代わりにモデルオブジェクトをデータベースに追加するのは少し遅くなり
ます。サポートしている型は、Int、Bool、String、Dateです。

5.5 保存しないプロパティ

　モデル定義では、データベースに保存しないプロパティを指定できます。保存しないプロ
パティはObjectクラスのignoredProperties()をオーバーライドして指定します（リスト
5.9）。

　保存しないプロパティに指定すると、Realmが管理しない通常のプロパティとして扱われ
ることになるので、データベースに保存されなくなります。通常のプロパティなので、
dynamicをつけなければいけない制約や、継承時にsetter/getterがオーバーライドできな
い制約（ 参照 5.6：モデルクラスを継承するときの注意点）など、Realmのモデル定義特有
の制約はなくなります。

○リスト5.8：インデックスの定義（例）

```
class Book: Object {
    dynamic var title = ""

    override static func indexedProperties() -> [String] {
        // titileプロパティをインデックスに指定。例えばtitleを文字列検索する速度が高速になります。
        return ["title"]
    }
}
```

○リスト5.9：保存しないプロパティの定義（例）

```
class Person: Object {
    dynamic var tmpID = 0

    override static func ignoredProperties() -> [String] {
        return ["tmpID"] // temIDプロパティを保存しないプロパティに指定
    }
}
```

保存しないプロパティは、次のようなRealmの機能が使えなくなります。

- クエリの条件に使用できない
- 同じオブジェクトを指していても、インスタンスが異なる場合は値が保持されない
- KVOを除いてRealmの変更通知は適用されない

読み取り専用のコンピューテッドプロパティと定数（let）のストアドプロパティは、暗黙的に保存しないプロパティになります（リスト5.10）。

5.6 モデルクラスを継承するときの注意点

複数のモデル間で共通のコードを再利用するために、モデルクラスをさらに継承してサブクラスを作ることができます。しかし、Realmはデータベースに保存後のモデルクラスの内部構造を暗黙的に変更するため、いくつかの制約が追加されます。サポートしている挙動は次のとおりです。

- スーパークラスのクラスメソッド、インスタンスメソッド、およびプロパティはサブクラスに継承される
- スーパークラスを引数として受け取るメソッドと関数はサブクラスから操作できる

また、次の挙動はサポートされていません。

- getter/setterメソッドのオーバーライド
- 継承関係にあるクラス間のキャスト
  例：サブクラスからサブクラス、サブクラスからスーパークラス、スーパークラスからサブクラスなど
- スーパークラスを指定して複数のサブクラスを一度に検索する
- 複数の異なるモデルクラスをコレクションオブジェクト（ListとResults）に格納する

○リスト5.10：暗黙的に保存しないプロパティになるプロパティ定義

```
class Person: Object {
    dynamic var firstName = ""
    dynamic var lastName = ""

    // 読み込み専用のコンピューテッドプロパティは暗黙的に保存しないプロパティになる
    var name: String {
        return "\(firstName) \(lastName)"
    }

    // 定数のストアドプロパティは暗黙的に保存しないプロパティになる
    let identifier = 1
}
```

第6章 モデルオブジェクトの生成と初期化

本章ではモデルオブジェクトの生成と初期化のほかに、ネストしたモデルオブジェクトについても説明します。

6.1 使用するモデル定義

モデル定義したモデルオブジェクトはinit()またはinit(value:)で生成しインスタンス化することができます

【宣言】Objectクラス

```
public override required init()
public init(value: Any)
```

本章では、リスト6.1のモデル定義を使って説明します。

【サンプル】
サンプル/06_モデルオブジェクトの生成と保存/ModelCreation.xcodeproj

6.2 生成と初期化する方法

モデルオブジェクトの生成と初期化には、大きく分けて3つの方法があります。

○リスト6.1：第6章で使用するモデル定義

```
class Person: Object {
    dynamic var name = ""
    dynamic var age = 0
    dynamic var dog: Dog?        // Dogモデルと1対1の関連
    let cats = List<Cat>()       // Catモデルと1対多の関連
}

class Animal: Object {
    dynamic var name = ""
    dynamic var age = 0
}

class Dog: Animal {    // Animalクラスを継承
}

class Cat: Animal {    // Animalクラスを継承
}
```

①生成後に各プロパティ値を設定する

モデルオブジェクトをinit()で生成して、各プロパティに値を設定し初期化する方法です（リスト6.2）。

②キー値コーディング（KVC）に準拠しているオブジェクトで初期化する

モデルオブジェクトをinit(value:)で生成します。初期化は、引数に渡す各プロパティの値を含むキー値コーディングに準拠しているオブジェクトで行います（リスト6.3）。キー値コーディングに準拠しているオブジェクトは、例えば辞書クラスやNSObjectのサブクラスです。

> キー値コーディング（KVC）とは、オブジェクトのプロパティに間接的にアクセスするための仕組みで、value(forKey:)やsetValue(_:forKey:)でプロパティの値にアクセスできるオブジェクトです。詳しくは、『キー値コーディングプログラミングガイド』（https://developer.apple.com/jp/documentation/KeyValueCoding.pdf）を参照してください。

③各プロパティの値の配列で初期化する

モデルオブジェクトをinit(value:)で生成します。初期化は、引数に渡す各プロパティの値を含む配列で行います（リスト6.4）。配列はすべてのプロパティの値を含み、かつモデル内の定義と同じ順序でなければ例外が発生します。プロパティがオプショナル型やList型の場合でも配列内の値は省略できないため、値がない場合はnilを指定する必要があります。

○リスト6.2：生成後に各プロパティ値を設定する

```
let dog = Dog()        // Dogモデルオブジェクトの生成
dog.name = "Momo"
dog.age = 9
```

○リスト6.3：KVCに準拠しているオブジェクトで初期化する

```
// Dogモデルオブジェクトを生成してDictionaryで初期化
let dog = Dog(value: ["name": "Momo",
                      "age": 9])
```

○リスト6.4：各プロパティの値の配列で初期化する

```
// Dogモデルオブジェクトを生成して各プロパティ値を含む配列で初期化
let dog = Dog(value: ["Momo", 9])
```

6.3 ネストしたモデルオブジェクトの生成と初期化

ネストしたモデルオブジェクトとは、モデルオブジェクトに定義可能な関連（1対1または1対多）のモデルオブジェクトのことです（参照 第5章：モデル定義）。ネストしたモデルオブジェクトも通常のオブジェクトと同じく3つの方法で生成し初期化できます。

①生成後に各プロパティ値を設定する

モデルオブジェクトをinit()で生成して、各プロパティに値を設定し初期化します（リスト6.5）。

②キー値コーディング（KVC）に準拠しているオブジェクトで初期化する

モデルオブジェクトをinit(value:)で生成します。初期化は、引数に渡す各プロパティの値を含むキー値コーディングに準拠しているオブジェクトで行います（リスト6.6）。また、RealmのObjectもキー値コーディングに準拠しているため、リスト6.7のように初期化に使用できます（Objectの基底クラスはNSObjectです）。

○リスト6.5：生成後に各プロパティ値を設定する

```
let dog = Dog(value: ["name": "Momo", "age": 9])
let cat1 = Cat(value: ["Toto", 1])
let cat2 = Cat(value: ["Rao", 2])

let person = Person()  // Personモデルオブジェクト生成
person.name = "Yu"
person.age = 32
person.dog = dog
person.cats.append(objectsIn: [cat1, cat2])
```

○リスト6.6：KVCに準拠しているオブジェクトで初期化する（その1）

```
// Personモデルオブジェクトを生成してDictionaryで初期化
let person = Person(value: ["name": "Yu",
                            "age": 32,
                            "dog": ["name": "Momo", "age": 9],
                            "cats": [["name": "Toto", "age": 1],
                                     ["name": "Rao", "age": 2]]])
```

○リスト6.7：KVCに準拠しているオブジェクトで初期化する（その2）

```
let dog = Dog(value: ["name": "Momo", "age": 9])
let cat1 = Cat(value: ["Toto", 1])
let cat2 = Cat(value: ["Rao", 2])

let person = Person(value: ["name": "Yu",
                            "age": 32,
                            "dog": dog,
                            "cats": [cat1, cat2]])
```

③各プロパティの値の配列で初期化する

　モデルオブジェクトをinit(value:)で生成します。初期化は、引数に渡す各プロパティの値を含む配列で行います（リスト6.8）。配列は**すべてのプロパティの値を含み、かつモデル内の定義と同じ順序**でなければ**例外**が発生します。プロパティがオプショナル型やList型の場合でも配列内の値は省略できないため、値がない場合はnilを指定する必要があります（リスト6.9）。

○リスト6.8：各プロパティの値の配列で初期化する（その1）

```
// Personモデルオブジェクトを生成して各プロパティ値を含む配列で初期化
let person = Person(value: ["Yu",
                            32,
                            dog,
                            [cat1, cat2]])
```

○リスト6.9：各プロパティの値の配列で初期化する（その2）

```
let person = Person(value: ["Yu",
                            32,
                            nil,
                            nil] as [Any?])

// 例えば次のコードはオプショナル型とList型に対しての要素がないためクラッシュします。
// person = Person(value: ["Yu", 32]) // ×実行すると例外が発生しクラッシュ
```

第7章 モデルオブジェクトの追加／更新／削除

モデルオブジェクトを生成しただけでは、データベースには保存（永続化）されていません。RealmクラスのAPIを使用することで、生成したモデルオブジェクトをデータベースに保存できます。

7.1 使用するモデル定義

本章では、リスト7.1のモデル定義を使って説明します。

> 【サンプル】
> サンプル/07_モデルオブジェクトの追加・更新・削除/RealmWrites.xcodeproj

○リスト7.1：第7章で使用するモデル定義

```
class Person: Object {
    dynamic var name = ""
    dynamic var age = 0
    dynamic var mood = "Normal"
    dynamic var dog: Dog?     // Dogモデルと1対1の関連
    let cats = List<Cat>()    // Catモデルと1対多の関連
}

class Animal: Object {
    dynamic var name = ""
    dynamic var age = 0
}

class Dog: Animal { // Animalクラスを継承
    let persons = LinkingObjects(fromType: Person.self,
                                 property: "dog") // Personへの逆方向の関連
}

class Cat: Animal { // Animalクラスを継承
    let persons = LinkingObjects(fromType: Person.self,
                                 property: "cats") // Personへの逆方向の関連
}

class UniqueObject: Object {
    dynamic var id = 0
    dynamic var value = ""
    dynamic var optionalValue: String?

    override static func primaryKey() -> String? {
        return "id" // idプロパティをプライマリキーに指定
    }
}
```

Part2 基礎編

7.2 書き込みトランザクション

　Realmのデータベースに対する書き込み（追加／更新／削除）は必ず書き込みトランザクション内で行う必要があります。トランザクションとは、データベースで使用される一般的な用語で、データベースに関する処理を行う際の始まりと終わりを明示的に示した処理単位のことです。

　Realmの書き込みトランザクションには開始とコミット（書き込み処理をデータベースに反映し、書き込みトランザクションを終了）があります。メソッドはRealmクラスに定義してあり、開始はbeginWrite()、コミットはcommitWrite(withoutNotifying:)を使用します。

【宣言】Realmクラス

```
public func beginWrite()
public func commitWrite(withoutNotifying tokens: [NotificationToken] = []) throws
```

　書き込みトランザクションの開始からコミットを実行するまでの間に、データベースへの書き込み処理を記述できます（リスト7.2）。

クロージャを使用する

　書き込みトランザクションの開始とコミットを行う別の方法として、引数に書き込み処理を含むクロージャを渡すwrite(_:)があります。

○リスト7.2：書き込みトランザクション（例）

```
let realm = try! Realm() // デフォルトRealmの取得

realm.beginWrite() // 書き込みトランザクションの開始
/*
  データベースへの書き込み処理
 */
try! realm.commitWrite() // 記述した書き込み処理をコミット
```

- beginWrite()は、その時点でRealmインスタンスが最新でない場合は、最新のRealmファイルの状態が反映され、該当の通知（参照 第11章：通知）が発生します（refresh()を呼び出すのと同等です）。
- 一度に開くことができる書き込みトランザクションはRealmファイルごとに1つだけです。
- 書き込みトランザクションはネストできません。すでに書き込みトランザクションに入っている状態で書き込みトランザクションを開始すると例外が発生します。
- 他のRealmインスタンスから同一のRealmファイルに対する書き込む処理は、現在の書き込みトランザクションが完了またはキャンセルされるまでブロックされます。commitWrite(withoutNotifying:)の引数はデフォルト値があるため引数名を省略して記述できます。引数は通知のスキップに使用しますが、詳しくは11.5：通知のスキップを参照してください。
- 変更を保存し書き込みトランザクションが完了すると、このRealmインスタンスに登録されているすべての通知が同期的に呼び出されます（参照 第11章：通知）。他のスレッド上のRealmインスタンスおよびRealmコレクション（現在のスレッド上のものも含む）通知は、適切なタイミングで呼び出されるようにスケジュールされています。
- コミットは、ストレージ領域不足やファイル入出力エラーが発生したなどが原因でトランザクションに書き込めなかった場合にNSErrorがスローされます。本書は記述を簡略化するため、try!を使用しています（try!は例外が発生した場合にクラッシュします）。実際のアプリ開発では適宜エラー処理に対応する必要があります。

【宣言】Realmクラス

```
public func write(_ block: (() throws -> Void)) throws
```

　引数のblockは、書き込み処理を含むクロージャで、クロージャ内の書き込み処理がコミットされることになります（**リスト7.3**）。書き込み処理をクロージャ内に記述することでインデントされコードの見通しは良くなりますが、通知のスキップは指定できなくなります（参照 11.5：通知のスキップ）。

書き込みトランザクションのオーバーヘッド

　書き込みトランザクションには、無視できないオーバーヘッド（処理時間）が発生するので、できるだけ書き込みトランザクションの数は最小限に抑えることが望ましいです（**リスト7.4**）。

　データベースへ大量の書き込みを行いメモリの消費量が問題になる場合は、オーバーヘッドは発生しますがautoreleasepool()でループ毎にメモリを解放しながら、書き込みトランザクションを分割してください（**リスト7.5**）。

○リスト7.3：クロージャを使用する

```
let realm = try! Realm() // デフォルトRealmの取得
// 内部ではクロージャが呼び出される前に書き込みトランザクションが開始されます。
try! realm.write {
    /*
       データベースへの書き込み処理
    */
}
// 書き込みトランザクションのキャンセルや例外がスローされないかぎり、
// 内部ではクロージャを抜けた後コミットされます。
```

- write(_:)の内部ではクロージャが呼び出される前後で、beginWrite()とcommitWrite(withoutNotifying:)（書き込みトランザクションのキャンセルや例外が発生しないかぎり）が呼び出されています。
- クロージャがエラーをスローするとトランザクションはキャンセルされ、エラーの前に加えられた変更はロールバック（取り消し）されます（参照 7.6：書き込みトランザクションのキャンセル）。

○リスト7.4：書き込みトランザクションのオーバーヘッド

```
let realm = try! Realm() // デフォルトRealmの取得

// 書き込みトランザクションの開始とコミットが1万回繰り返されるため、多くのオーバーヘッドが発生します。
for _ in 0..<10000 {
    try! realm.write {
        // データベースへの書き込み処理
    }
}

// 次のように書き換えると書き込みトランザクションは1回になるので、オーバーヘッドを軽減できます。
try! realm.write {
    for _ in 0..<10000 {
        // データベースへの書き込み処理
    }
}
```

○リスト7.5：書き込みトランザクションを適度に分割する方法

```
let realm = try! Realm()      // デフォルトRealmの取得
for _ in 0..<100 {             // 100回なんらかの変更を加える場合
    autoreleasepool {          // 1ループ毎にメモリを解放
        try! realm.write {
            // データベースへの書き込み処理
        }
    }
}
```

7.3 モデルオブジェクトの追加

　モデルオブジェクトをデータベースに追加するには、Realmクラスのadd(_:update:)を使用します。書き込みトランザクションのコミットでその追加が反映されます。

【宣言】Realmクラス

```
public func add(_ object: Object, update: Bool = false)
public func add<S: Sequence>(_ objects: S, update: Bool = false)
                                                where S.Iterator.Element: Object
public func create<T: Object>(_ type: T.Type,
                                                value: Any = [:],
                                                update: Bool = false) -> T
```

　追加したいモデルオブジェクトは必ず有効な状態（isInvalidatedがfalse）でなければいけません（参照 7.5：モデルオブジェクトの削除）。

> ❗ Realmのデータベースに対する書き込み（追加・更新・削除）は必ず書き込みトランザクション内で行う必要があります。

モデルオブジェクトを追加する

　生成したモデルオブジェクトをadd(_:update:)に渡しコミットすることで追加することができます（リスト7.6）。

複数のモデルオブジェクトを追加する

　add(_:update:)にはコレクション（Sequenceプロトコルに準拠しているかつ、コレクション内の要素がObjectクラス）を渡してまとめて追加することも可能です（リスト7.7）。

関連（1対1、1対多）も一緒に追加する

　モデルオブジェクトの追加は、そのモデルオブジェクトが持つ関連（1対1、1対多）も一緒に追加されます（リスト7.8）。

第7章：モデルオブジェクトの追加／更新／削除

○リスト7.6：モデルオブジェクトを追加する

```
let realm = try! Realm()  // デフォルトRealmを取得
let person = Person(value: ["name": "Yu",
                            "age": 32])

// ここは書き込みトランザクション内ではないので追加できません。
// realm.add(Person())    // ×実行すると例外が発生しクラッシュ

try! realm.write {
    realm.add(person)     // モデルオブジェクトを追加
}
```

○リスト7.7：複数のモデルオブジェクトを追加する

```
let realm = try! Realm()  // デフォルトRealmを取得

try! realm.write {
    let cats = [Cat(value: ["name": "Toto", "age": 1]),
                Cat(value: ["name": "Rao", "age": 2])]
    realm.add(cats)  // 複数のモデルオブジェクトを追加
}
```

○リスト7.8：関連も一緒に追加する

```
let realm = try! Realm()  // デフォルトRealmを取得
try! realm.write {
    let dictionary: [String: Any] = ["name": "Yu",
                                     "age": 32,
                                     "dog": ["name": "Momo", "age": 9],
                                     "cats": [["name": "Toto", "age": 1],
                                              ["name": "Rao", "age": 2]]]
    let person = Person(value: dictionary)

    /*
     personが持つ1対1の関連(dog)と1対多の関連(cats)も追加されます。
     */
    realm.add(person)  // モデルオブジェクトと関連を追加
}
```

プライマリキーを持つモデルオブジェクトを追加する

　add(_:update:)の第二引数のupdateは、モデルオブジェクトにプライマリキーがある場合にのみ使用します（リスト7.9）。

　プライマリキーがない場合にtrueを指定すると例外が発生します。trueを指定すると、すでに同一のプライマリキー値を持つモデルオブジェクトがデータベースに存在する場合は、各プロパティ値を更新し、存在しない場合は、新しいモデルオブジェクトとして追加されます。また、すでに同一のプライマリキー値を持つモデルオブジェクトがデータベースに存在する場合にfalseを指定すると例外が発生します。

○リスト7.9：プライマリキーを持つモデルオブジェクトを追加する

```
let realm = try! Realm() // デフォルトRealmを取得
try! realm.write {
    let obj = UniqueObject(value: ["id": 1])
    
    /*
     初めての追加なのでどの方法でも追加できます。
     */
    realm.add(obj) // OK
    // realm.add(obj, update: false) // OK
    // realm.add(obj, update: true) // OK
}
try! realm.write {
    let obj = UniqueObject(value: ["id": 1])
    
    /*
     すでにidが1のUniqueObjectはデータベースに存在するので、
     updateがtrueでないと追加できません。
     */
    // realm.add(obj) // ×実行すると例外が発生しクラッシュ
    // realm.add(obj, update: false) // ×実行すると例外が発生しクラッシュ
    realm.add(obj, update: true) // OK
}
```

モデルオブジェクトの生成とデータベースへの追加を一度に行う

　モデルオブジェクトの生成とデータベースへの追加を一度に行うには、create(_:value:update:)を使用します（**リスト7.10**）。第一引数に生成するモデルオブジェクトの型を、第二引数のvalueにモデルオブジェクトを初期化する値を指定します。戻り値は、データベースに追加済みのモデルオブジェクトのマネージドオブジェクトです（参照 7.3：アンマネージドオブジェクト／マネージドオブジェクト）。

　add(_:update:)は、モデルオブジェクトまたはそのモデルオブジェクトが持つ関連がすでに別のRealmに追加されている場合は例外が発生します。create(_:value:update:)を使用すると、異なるRealm間でモデルオブジェクトの追加ができます。詳しくは、17.5：異なるRealmにモデルオブジェクトを追加するを参照してください。

○リスト7.10：モデルオブジェクトの生成とデータベースへの追加を一度に行う

```
let realm = try! Realm() // デフォルトRealmを取得
try! realm.write {
    let value: [String: Any] = ["name": "Yu",
                                "age": 32]
    
    /*
     Personモデルオブジェクトをvalueで初期化して、データベースに追加します。
     (次のコードでは省略していますが)戻り値は追加済みのPersonのマネージドオブジェクトです。
     */
    realm.create(Person.self,    // 生成するモデルオブジェクトの型
                 value: value,   // 初期化する値
                 update: false)
}
```

7.4 アンマネージドオブジェクト／マネージドオブジェクト

モデルオブジェクトにはアンマネージドオブジェクトとマネージドオブジェクトの2つの状態が存在します。違いはモデルオブジェクトがRealmによって管理されている（マネージド）かどうかで、**Realmに保存する前のものをアンマネージドオブジェクト、Realmに保存済みのものをマネージドオブジェクト**と言います。

アンマネージドオブジェクトは通常のSwiftのオブジェクトです。マネージドオブジェクトはRealmによって管理されることになり、次の点が変更されています。

- プロパティ値は書き込みトランザクション内でのみ変更可能（参照 7.4：モデルオブジェクトの更新）。
- プロパティ値はデータベースの更新でも変更される可能性がある（参照 9.2：モデルオブジェクトの自動更新）。
- キー値監視（KVO）が挙動も異なる（参照 11.6：キー値監視（KVO））。

マネージドオブジェクトかどうかを判断するには、Objectクラスのrealmプロパティで確認できます（リスト7.11）。

○リスト7.11：マネージドオブジェクトかどうかの判別

```
let realm = try! Realm() // デフォルトRealmを取得
let person = Person(value: ["name": "Yu",
                            "age": 32,
                            "dog": ["name": "Momo", "age": 9],
                            "cats": [["name": "Toto", "age": 1],
                                     ["name": "Rao", "age": 2]]])

// この時点のpersonはアンマネージドオブジェクトです。
// 各オブジェクトのrealmはすべてnilです。
print("person.realm: \(person.realm)")
print("person.dog!.realm: \(person.dog!.realm)")
print("person.cats.realm: \(person.cats.realm)")
print("person.cats.first!.realm: \(person.cats.first!.realm)")

try! realm.write {
    // personをRealmに保存することで、マネージドオブジェクトになります。
    realm.add(person)
}

// 各オブジェクトからrealmが取得できます。
print("person.realm: \(person.realm)")
print("person.dog!.realm: \(person.dog!.realm)")
print("person.cats.realm: \(person.cats.realm)")
print("person.cats.first!.realm: \(person.cats.first!.realm)")
```

7.5 モデルオブジェクトの更新

データベースに保存したモデルオブジェクトのプロパティの値を更新すると、新しい値がデータベースに反映されます。

> Realmのデータベースに対する書き込み（追加・更新・削除）は必ず書き込みトランザクション内で行う必要があります。

プロパティに代入する

もっとも簡単な更新方法は、プロパティに新しい値を代入する更新方法です（リスト7.12）。

1対多の関連の追加と削除

ListクラスにはSwiftのArrayと似たコレクションを操作するAPIがあります。要素を追加する場合は、append(_:)とinsert(_:at:)、要素を取り除きたい場合はremove(objectAtIndex:)とremoveAll()を使用します（リスト7.13）。

要素を取り除いた場合は、あくまでもList内から取り除かれるだけで、その取り除いたモデルオブジェクトはデータベースからは削除されません。

○リスト7.12：プロパティに代入する

```
let realm = try! Realm() // デフォルトRealmを取得
let person = Person(value: ["name": "Yu",
                            "age": 32])

/*
 この時点のpersonはアンマネージドオブジェクトで、
 通常のSwiftオブジェクトです。
 */
person.mood = "Happy"   // 書き込みトランザクション外でも更新可能

try! realm.write {
    // personをRealmに保存することで、マネージドオブジェクトになります。
    realm.add(person)
}

/*
 この時点のpersonはマネージドオブジェクトです。マネージドオブジェクトの
 プロパティ値の更新は、書き込みトランザクション内でのみ可能です。
 */
// person.mood = "Sad"   // ×実行すると例外が発生してクラッシュ

try! realm.write {
    person.mood = "Sad" // コミット後、データベースに変更が反映されます。
}
```

○リスト7.13：1対多の関連の追加と削除

```
let realm = try! Realm() // デフォルトRealmを取得
let person = Person(value: ["name": "Yu",
                            "age": 32])
try! realm.write {
    realm.add(person) // モデルオブジェクトの追加
}
let cat = Cat(value: ["name": "Toto", "age": 1])
try! realm.write {
    person.cats.append(cat) // 1対多の関連を追加
}
print("person.cats: \(person.cats)") // catが含まれている
try! realm.write {
    person.cats.remove(objectAtIndex: 0) // 1対多の関連を削除
}
print("person.cats: \(person.cats)") // catは含まれていない
// person.catsからcatが取り除かれるだけなので、
// catモデルオブジェクトは削除されてません。
print("cat.isInvalidated: \(cat.isInvalidated)") // false
```

プライマリキーが定義されているモデルオブジェクトを更新する

　プライマリキーが定義されているモデルオブジェクトは、モデルオブジェクトを使用して上書き更新が可能です。add(_:update:)とcreate(_:value:update:)で引数のupdateをtrueにし更新します（リスト7.14、リスト7.15）

一部のプロパティ値のみを上書き更新する

　一部のプロパティ値のみを更新したい場合は、create(_:value:update:)を使用します（リスト7.16）。

○リスト7.14：add(_:update:)での上書き更新

```
let realm = try! Realm() // デフォルトRealmを取得
let object = UniqueObject(value: ["id": 10,
                                  "value": "abc"])
try! realm.write {
    realm.add(object) // モデルオブジェクトの追加
}

try! realm.write {
    let value: [String: Any] = ["id": 10,
                                "value": "ABC",
                                "optionalValue": "123"]
    let newValueObject = UniqueObject(value: value)
    realm.add(newValueObject, update: true) // 上書き更新
}
// object.valueとobject.optionalValueが更新されていることが確認できます。
print("object: \(object)")
```

リスト7.15：create(_:value:update:)での上書き更新

```
let realm = try! Realm() // デフォルトRealmを取得
let object = UniqueObject(value: ["id": 10,
                                  "value": "abc"])
try! realm.write {
    realm.add(object) // モデルオブジェクトの追加
}

try! realm.write {
    let value: [String: Any] = ["id": 10,
                                "value": "ABC",
                                "optionalValue": "123"]
    realm.create(UniqueObject.self,
                 value: value,
                 update: true) // 上書き更新
}
// object.valueとobject.optionalValueが更新されます。
print("object: \(object)")
```

リスト7.16：一部のプロパティ値のみを上書き更新する

```
let realm = try! Realm() // デフォルトRealmを取得
let object = UniqueObject(value: ["id": 10,
                                  "value": "abc"])
try! realm.write {
    realm.add(object) // モデルオブジェクトの追加
}

try! realm.write {
    let value: [String: Any] = ["id": 10,
                                "optionalValue": "123"]
    realm.create(UniqueObject.self,
                 value: value,
                 update: true) // 一部上書き更新
}
// object.valueは初期値"abc"のままで、
// optionalValueのみ"123"に更新されています。
print("object: \(object)")
```

キー値コーディング（KVC）で更新する

Objectクラスはキー値コーディングに準拠しているため、setValue(_:forKey:)、setValue(_:forKeyPath:)での更新が可能です（リスト7.17）。

キー値コーディング（KVC）でコレクションクラスを一括更新する

Realmのコレクションクラスのうち ListクラスとResultクラス（参照 8.2：検索結果（Resultsクラス））はキー値コーディングに準拠しています。setValue(_:forKey:)、setValue(_:forKeyPath:)を使用すると、コレクション内のすべての値を一括して更新できます（リスト7.18）。

コレクション内のすべての値を更新する必要がある場合に、多数のオブジェクトをループしてインスタンス化することが避けられるため、非常に効率的に一括更新できます。

○リスト7.17：キー値コーディングで更新する

```
let realm = try! Realm()  // デフォルトRealmを取得
let person = Person(value: ["name": "Yu",
                            "age": 32,
                            "dog": ["name": "Momo", "age": 9]])
try! realm.write {
    realm.add(person)  // モデルオブジェクトの追加
}

try! realm.write {
    // setValue(_:forKey:)で値を更新できます。
    person.setValue("Happy", forKey: "mood")
}
print("person: \(person)")  // person.moodが"Happy"に更新されています。

try! realm.write {
    // setValue(_:forKeyPath:)で値を更新できます。
    person.setValue("10", forKeyPath: "dog.age")
}
print("person: \(person)")  // person.dog.ageが10に更新されています。
```

○リスト7.18：キー値コーディングでコレクションクラスを一括更新する

```
let realm = try! Realm()  // デフォルトRealmを取得
let person = Person(value: ["name": "Yu",
                            "age": 32,
                            "cats": [["name": "Toto", "age": 1],
                                     ["name": "Rao", "age": 2]]])
try! realm.write {
    realm.add(person)  // モデルオブジェクトの追加
}

try! realm.write {
    person.setValue("10", forKeyPath: "cats.age")  // 一括更新
}
// person.cats内のすべてのcat.ageが10に更新されています。
print("person: \(person)")
```

7.6 モデルオブジェクトの削除

Realmデータベースからモデルオブジェクトを削除するには、delete(_:)、deleteAll()を使用します。

【宣言】Realmクラス

```
public func delete(_ object: Object)
public func delete<S: Sequence>(_ objects: S) where S.Iterator.Element: Object
public func deleteAll()
```

削除後のモデルオブジェクトは無効なものになり、isInvalidatedプロパティがtrueになります（リスト7.19）。注意点として、無効なモデルオブジェクトはモデル定義したプロパティにはアクセスできなくなり、アクセスすると例外が発生してクラッシュします。

データベースからは削除されますが、モデルオブジェクト自体はまだRealmに管理されているマネージドオブジェクトなのでrealmプロパティはnilではありません。

> ❗ Realmのデータベースに対する書き込み（追加・更新・削除）は必ず書き込みトランザクション内で行う必要があります。

複数のモデルオブジェクトを一度に削除する

複数のモデルオブジェクトを一度に削除した場合は、delete(_:)にコレクションクラス（配列、List、Results、LinkingObjectsなど）を渡します（リスト7.20）。

データベース内のすべてのモデルオブジェクトを削除する

データベース内のすべてのモデルオブジェクトを削除したい場合は、deleteAll()を使用します（リスト7.21）。

○リスト7.19：モデルオブジェクトを削除する

```
let realm = try! Realm()    // デフォルトRealmを取得
let object = UniqueObject(value: ["id": 10,
                                  "value": "abc"])
try! realm.write {
    realm.add(object)       // モデルオブジェクトの追加
}
try! realm.write {
    realm.delete(object)    // モデルオブジェクトの削除
}
print("object.isInvalidated: \(object.isInvalidated)") // true

// 削除され無効になったモデルオブジェクト(isInvalidated == true)は、
// プロパティにアクセスできなくなります。
//print("\(object.id)")     // ×実行すると例外が発生しクラッシュ
```

○リスト7.20：複数のモデルオブジェクトを一度に削除する

```
let realm = try! Realm() // デフォルトRealmを取得
let cat1 = Cat(value: ["name": "Toto", "age": 1])
let cat2 = Cat(value: ["name": "Rao", "age": 2])
let person = Person(value: ["name": "Yu",
                            "age": 32,
                            "dog": ["name": "Momo", "age": 9],
                            "cats": [cat1, cat2]])
try! realm.write {
    realm.add(person) // モデルオブジェクトの追加
}
print("cat1.isInvalidated: \(cat1.isInvalidated)") // false
print("cat2.isInvalidated: \(cat2.isInvalidated)") // false
try! realm.write {
    realm.delete(person.cats) // モデルオブジェクトの複数削除
}
print("cat1.isInvalidated: \(cat1.isInvalidated)") // true
print("cat2.isInvalidated: \(cat2.isInvalidated)") // true
```

○リスト7.21：すべてのモデルオブジェクトを削除する

```
let realm = try! Realm() // デフォルトRealmを取得

let dog = Dog(value: ["name": "Momo", "age": 9])
let cat1 = Cat(value: ["name": "Toto", "age": 1])
let cat2 = Cat(value: ["name": "Rao", "age": 2])
let person = Person(value: ["name": "Yu",
                            "age": 32,
                            "dog": dog,
                            "cats": [cat1, cat2]])
let object = UniqueObject(value: ["id": 10, "value": "abc"])

try! realm.write {
    realm.add([person, object]) // 追加
}

try! realm.write {
    realm.deleteAll() // すべてのオブジェクトを削除
}

// 各オブジェクトのisInvalidatedはすべてtrueです。
print("dog.isInvalidated: \(dog.isInvalidated)")
print("cat1.isInvalidated: \(cat1.isInvalidated)")
print("cat2.isInvalidated: \(cat2.isInvalidated)")
print("person.isInvalidated: \(person.isInvalidated)")
print("object.isInvalidated: \(object.isInvalidated)")
```

7.7 書き込みトランザクションのキャンセル

　書き込みトランザクションを開始した後、書き込み処理中になんらかの理由で書き込み処理を取り消したいケースがあります。その場合は、書き込みトランザクションのコミットの代わりにキャンセル処理のcancelWrite()を呼びます。cancelWrite()は、それまで行なっていた書き込み処理をキャンセル（ロールバック）し、書き込みトランザクションを終了することができます。

【宣言】Realmクラス

```
public func cancelWrite()
```

beginWrite()をキャンセルする

　リスト7.22はbeginWrite()をキャンセルする実装例です。

write(_:)をキャンセルする

　リスト7.23はwrite(_:)をキャンセルする実装例です。

○リスト7.22：beginWrite()をキャンセルする

```
let realm = try! Realm()  // デフォルトRealmを取得
realm.beginWrite()  // 書き込みトランザクションを開始
/*
 仮に、isCancelledを書き込み処理のキャンセル／コミットのフラグとします。
 実際は特定のロジックが正常に処理されなかった場合などからキャンセルする
 かどうかの判断をします。
 */
var isCancelled = false

/*
 データベースへの書き込み処理を記述
 */

if isCancelled {
    realm.cancelWrite()  // キャンセルして書き込みトランザクションを終了
} else {
    try! realm.commitWrite()  // コミットして書き込みトランザクションを終了
}
```

○リスト7.23：write(_:)をキャンセルする

```
try! realm.write {
    /*
     仮に、isCancelledを書き込み処理のキャンセル／コミットのフラグとします。
     実際は特定のロジックが正常に処理されなかった場合などからキャンセルする
     かどうかの判断をします。
     */
    var isCancelled = false

    /*
     データベースへの書き込み処理を記述
     */

    if isCancelled {
        realm.cancelWrite()  // キャンセルして書き込みトランザクションを終了
        return  // クロージャを抜ける
    }

    /*
     キャンセルしない場合のデータベースへの書き込み処理を記述
     */
}
```

ロールバックとは

　ロールバックとは一般的なデータベースの用語で、トランザクションによる更新内容を無効にすることを意味します。RealmではcancelWrite()を実行すると、現在の書き込みトランザクションで起きた変更をすべて元に戻すロールバックが起きます（リスト7.24）。

削除時のロールバックの注意点

　モデルオブジェクトの削除もcancelWrite()でロールバックされますが、モデルオブジェクトのインスタンスが無効（isInvalidatedがtrue）になったのはロールバックされない（取り消されない）ことに注意してください（リスト7.25）。

第 7 章：モデルオブジェクトの追加／更新／削除

○リスト7.24：ロールバックする

```
let realm = try! Realm() // デフォルトRealmを取得
let object = UniqueObject(value: ["id": 1, "value": "abc"])

try! realm.write {
    realm.add(object) // モデルオブジェクトの追加
}

realm.beginWrite() // 書き込みトランザクションの開始

object.value = "ABC"
print("obj.value: \(object.value)") // ABC

realm.cancelWrite() // 書き込み処理をキャンセルして書き込みトランザクションを終了

// cancelWrite()の時点でobject.valueの変更はキャンセル（ロールバック）
// されるので変更前の`abc`に戻ります。
print("object.value: \(object.value)") // abc
```

○リスト7.25：削除時のロールバックの注意点

```
let realm = try! Realm() // デフォルトRealmを取得
let obj = UniqueObject(value: ["id": 1, "value": "abc"])

try! realm.write {
    realm.add(obj) // モデルオブジェクトの追加
}

realm.beginWrite()

realm.delete(obj) // モデルオブジェクトの削除

// objインスタンスは削除されたことにより無効になります。
print("obj.isInvalidated: \(obj.isInvalidated)") // true

// データベース内にあるUniqueObjectを取得できないことで削除されていることが
// 確認できます（参照 第8章：モデルオブジェクトの取得）。
let beforeObj = realm.object(ofType: UniqueObject.self,
                             forPrimaryKey: 1)
print("beforeObj: \(beforeObj)") // nil

realm.cancelWrite() // 書き込み処理をキャンセルして書き込みトランザクションを終了

// UniqueObjectの削除は取り消されます。
// データベース内にあるUniqueObjectが取得できることでオブジェクトの削除が
// 取り消されていることを確認できます（参照 第8章：モデルオブジェクトの取得）。
let afterObj = realm.object(ofType: UniqueObject.self,
                            forPrimaryKey: 1)
print("afterObj: \(afterObj)") // UniqueObject

// objインスタンス自体が削除により無効になったことはロールバックされません。
print("obj.isInvalidated: \(obj.isInvalidated)") // true
```

7.8 書き込みトランザクションのエラー処理

commitWrite()はthrowsキーワードで宣言されています。書き込みトランザクションは、一般的なファイル入出力を伴う操作などと同様に失敗する可能性があり、失敗時にはNSErrorをスローします。

失敗時にスローされるエラーをdo-catchで受け取ることで、コミット失敗時のリカバリー処理を行うことができます（リスト7.26）。

> ! 本書では記述を簡略化するため、try!を使用しています（try!は例外が発生した場合にクラッシュします）。実際のアプリ開発では適宜エラー処理に対応する必要があります。

○リスト7.26：書き込みトランザクションのエラー処理

```
do {
    realm.beginWrite()
    /* 書き込み処理 */
    try realm.commitWrite()
} catch {
    // コミット失敗時のエラー処理
}
```

モデルオブジェクトの取得

データベースに保存したモデルオブジェクトは、クエリ（検索条件）から取得できます。本章ではクエリの構文や検索条件に使用する演算子を説明します。

8.1 使用するモデル定義

本章では、リスト8.1のモデル定義を使って説明します。

> 【サンプル】
> サンプル/08_モデルオブジェクトの取得/RealmQueries.xcodeproj

8.2 検索結果（Resultsクラス）

クエリ（検索条件）が実行されるとモデルオブジェクトを含むResultsクラスのインスタンスが返ってきます。

Resultsクラスは、読み取り専用のコレクションクラスです。Arrayとよく似たプロパティやメソッドを持っていますが、読み取り専用なのでappend(_:)やremove(at:)など要素を編集

○リスト8.1：第8章で使用するモデル定義

```
class Person: Object {
    dynamic var name = ""
    dynamic var age = 0
    dynamic var countryCode = ""
    dynamic var dog: Dog?      // Dogモデルと1対1の関連
    let cats = List<Cat>()     // Catモデルと1対多の関連
}
class Animal: Object {
    dynamic var name = ""
    dynamic var age = 0
}
class Dog: Animal { // Animalクラスを継承
}
class Cat: Animal { // Animalクラスを継承
}
class UniqueObject: Object {
    dynamic var id = 0
    override class func primaryKey() -> String? {
        return "id" // idプロパティをプライマリキーに指定
    }
}
```

するメソッドを持っていません。Arrayと大きく異なる点は、Objectまたはそのサブクラスのみ格納できるというところです。

Resultsクラスの要素は、取得時に指定したクエリの実行結果が自動で反映される特殊なコレクションクラスで、直接Resultsクラス内の要素を編集する必要がない仕組みになっています。さらに詳しい自動更新の挙動については第9章：自動更新（ライブアップデート）を参照してください。

Results内のモデルオブジェクトはコピーではありません。書き込みトランザクションを使ってResults内のデータを変更した場合は、データベースに反映されます。

すべてのモデルオブジェクトを取得する

Realmデータベース内に保存されている特定のモデルクラスのオブジェクトをすべて取得するには、Realmクラスの、objects(_:)を使用します（リスト8.2）。

【宣言】Realmクラス

```
public func objects<T: Object>(_ type: T.Type) -> Results<T>
```

プライマリキーでモデルオブジェクトを取得する

プライマリキーでモデルオブジェクトを取得するには、Realmクラスのobject(ofType:forPrimaryKey:)を使用します（リスト8.3）。プライマリキーがあるモデルオブジェクトの取得は高速です。

【宣言】Realmクラス

```
public func object<T: Object, K>(ofType type: T.Type,
                                 forPrimaryKey key: K) -> T?
```

○リスト8.2：すべてのモデルオブジェクトを取得する

```
let realm = try! Realm()
// データベース内に保存してあるPersonモデルをすべて取得します。
let results = realm.objects(Person.self)

// データベースにPersonはまだ追加されてません。
print("results.count: \(results.count)") // 0

try! realm.write {
    // Personモデルを追加
    realm.add(Person())
}

// resultsは「データベース内に保存してあるPersonモデルをすべて取得する」というクエリの実行結果なので、
// データベースに1つPersonモデルが追加された結果が自動で反映されます。
print("results.count: \(results.count)") // 1
```

ソート（並び替え）する

Resultsは、1つあるいは複数のプロパティの値を使ってソートできます。ソートは、Resultsクラスのsorted(byKeyPath:ascending:)などを使用します（**リスト8.4**）。

サポートしている型は、Bool、Int、Double、Float、String、Dateです。

【宣言】Resultsクラス

```
public func sorted(byKeyPath keyPath: String,
                   ascending: Bool = true) -> Results<T>
public func sorted(byProperty property: String,
                   ascending: Bool = true) -> Results<T>
public func sorted<S: Sequence>(by sortDescriptors: S)
            -> Results<T> where S.Iterator.Element == SortDescriptor
```

○リスト8.3：プライマリキーでモデルオブジェクトを取得する

```
let realm = try! Realm()
let id = 1
// プライマリキーが1のUniqueObjectを追加
try! realm.write {
    realm.add(UniqueObject(value: ["id": id]))
}
// プライマリキーが1のUniqueObjectを取得
let object = realm.object(ofType: UniqueObject.self,
                          forPrimaryKey: id)!
print("object: \(object)") // idが1のUniqueObject
```

○リスト8.4：ソート（並び替え）する

```
let realm = try! Realm()
// ageが異なる複数のPersonモデルを追加
try! realm.write {
    realm.add([Person(value: ["name": "B",
                              "age": 20]),
               Person(value: ["name": "A",
                              "age": 10]),
               Person(value: ["name": "C",
                              "age": 30])])
}
// データベース内に保存してあるPersonモデルをすべて取得します。
var results = realm.objects(Person.self)
// このときのresults内の要素の順列は不定です。
print("results: \(results)")

// Personのageで昇順ソート(小さい順)
results = results.sorted(byKeyPath: "age",
                         ascending: true)
// results内は、ageが10, 20, 30の順にソートされたPersonになります。
print("results: \(results)") // [personA, personB, personC]
```

（次ページにつづく）

（前ページのつづき）

```
// ageが15のPersonモデルを追加
try! realm.write {
    realm.add(Person(value: ["name": "D",
                             "age": 15]))
}

// resultsのクエリは、「データベース内にあるすべてのPersonモデルをageで昇順ソートする」です。
// 新たにPersonモデルが追加された結果は、resultsに自動で反映されます。
// 追加されたpersonDはageが15なので、personAとpersonBの間に挿入されています。
print("results: \(results)") // [personA, personD, personB, personC]
```

> ! Resutlsオブジェクトはソートしないと順列は保証されていません。オブジェクトの挿入順もパフォーマンス上の都合により保持していません。

8.3 クエリ（検索条件）

　Realmのコレクションクラス（Results、List、LinkingObjects）はクエリからコレクション内の要素を絞り込むことができます。

　クエリの指定は、filter(_:_:)を使用します（リスト8.5）。

【宣言】Results、List、LinkingObjectsクラス

```
public func filter(_ predicateFormat: String, _ args: Any...) -> Results<T>
public func filter(_ predicate: NSPredicate) -> Results<T>
```

○リスト8.5：クエリ（検索条件）を指定する

```
let realm = try! Realm()
try! realm.write {
    realm.add([Person(value: ["name": "A",
                              "age": 20]),
               Person(value: ["name": "B",
                              "age": 20,
                              "countryCode": "jp"]),
               Person(value: ["name": "C",
                              "age": 15,
                              "countryCode": "jp"])])
}

// データベース内に保存してあるすべてのPersonオブジェクトを取得します。
var results = realm.objects(Person.self)
// クエリは、ageが18以上でcountryCodeが'jp'と一致するPersonモデルになります。
// filterの引数に指定している文字列は後述の構文です（参照 8.4：クエリの構文）。
results = results.filter("age >= 18 && countryCode = 'jp'")
// results内は条件に一致するpersonBのみになります。
print("results: \(results)")
```

クエリの連鎖（メソッドチェーン）

filter(_:_:)は、どのコレクションクラスに使用しても戻り値はResultsクラスのインスタンスになります。それを利用して、返された結果（Results）に対して連続してクエリを指定することが可能です（リスト8.6）。

8.4 クエリの構文

クエリにはFoundationフレームワークのNSPredicateクラスと同じ述語フォーマット構文（Predicate Format String Syntax）を使用します（リスト8.7）。NSPredicateは論理条件を定義するためのクラスです。

> ⚠ RealmはNSPredicateに定義されているすべての構文に対応しているわけではないことに注意してください。本書では対応している構文のみを記載しています。

○リスト8.6：クエリの連鎖（メソッドチェーン）

```
// filterの引数に指定している文字列はクエリの構文です(参照 8.4：クエリの構文)。
let results = realm.objects(Person.self)          // すべてのPersonモデル
  .filter("age >= 20")                            // ageが20以上
  .filter("countryCode = 'jp'")                   // countryCodeが'jp'と一致
  .filter("name BEGINSWITH 'Y'")                  // nameが'Y'から始まる
```

○リスト8.7：クエリの構文

```
var results = realm.objects(Person.self)
/*
 filterの引数に指定している「age > 18 && countryCode = 'jp'」の部分が
 クエリの構文になります。
 構文の意味は、ageが18以上でcountryCodeが'jp'と一致するPersonモデルになります。
 */
results = results.filter("age >= 18 && countryCode = 'jp'")
```

○表8.1：リテラル

構文	意味
%@	文字列として扱われる
%K	プロパティ名として扱われる（大文字のKでなければならない）
$	変数
FALSE、NO	否定
TRUE、YES	肯定
NULL、NIL、nil	nilと一致する特別な値（SQLとは異なる）
SELF	評価されるオブジェクト自身
"", ''	文字列。"text"と'text'は同じ。混在時に注意("a'b'c"は a, 'b', c と同等)
{}	リテラル配列。{'literal', 'array'}のように要素はカンマで区切る

クエリの構文には、さまざまな特別な意味を持つ文字列が定義されています。

リテラル

構文には書式で使用するための特殊な文字列（リテラル）が用意されています（**表8.1**）。

■ 引数を使用する書式

リテラルを使用する基本となる構文は、第一引数は%@などを使用した書式（フォーマット）で、第二引数以降は書式に対応する変数を引数に指定する形です（**リスト8.8**）。

■ 引数を使わない書式

第二引数以降を使わず、直接書式に値を記述することも可能です（**リスト8.9**）。

文字列を値として記述する場合は、シングルクォーテーション（'）またはダブルクォーテーション（"）でくくる必要があります。これは書式が文字列をプロパティ名として扱うか、値として扱うかを区別するために必要となります。

> ダブルクォーテーションはSwiftの文字列リテラルの始まりと終わりを表す特殊文字なので、文字列リテラル中に文字列として扱いたい場合は直前に\をつけてエスケープする必要があります。

○リスト8.8：リテラルの構文（引数を使用する書式の例）

```
let code = "jp"
let age = 18
var results = realm.objects(Person.self)  // すべてのPersonモデルオブジェクトを取得
results = results.filter("age >= %@ && countryCode = %@", age, code)
```

- 第一引数の「age >= %@ && countryCode = %@」が書式（フォーマット）です。
- 第二引数の「age」は「age >= %@」の「%@」に対応する変数です。
- 第三引数の「code」は「countryCode = %@」の「%@」に対応する変数です。
- 構文全体の意味は、ageが18以上かつcountryCodeがjpのPersonモデルオブジェクトになります。

○リスト8.9：リテラルの構文（引数を使わない書式の例）

```
results = results.filter("age >= 18 && countryCode = 'jp'")
results = results.filter("age >= 18 && countryCode = \"jp\"")
```

第 8 章：モデルオブジェクトの取得

■ 文字列補完構文使用時の注意

　Swiftでは文字列リテラル内にオブジェクトを文字列として展開する方法で \()（文字列補完構文）がありますが、使用する場合は注意が必要です。

　リスト8.10のように\(code)はjpと展開されプロパティ名として扱われてしまうので、シングルクォーテーション（またはダブルクォーテーション）でくくる必要があります。

　他には、オプショナル型にも注意が必要です。

　\(optionalCode) をシングルクォーテーションでくくっているので一見問題なさそうですが、実際の構文はリスト8.11のように展開されています。

　このようにSwiftの \()（文字列補完構文）を利用すると記述が煩雑でミスも起きやすいので、%@を使用するのをお薦めします
%@は対応する引数をダブルクォーテーションでくくった文字列で展開されます。

■ プロパティ名を変数で指定する

　プロパティ名を変数で指定することも可能です。

　変数の文字列をプロパティ名として扱いたい場合は%@ではなく%Kを使用します。%KのKは必ず大文字にする必要があります。%Kは対応する引数をダブルクォーテーションでくくらない文字列で展開します（リスト8.12）。

■ nil

　nilは値として扱われ、nilと一致します。

○リスト8.10：文字列補完構文使用時の注意（その1）

```
let code = "jp"
// \(code) をシングルクォーテーションでくくる必要があります。
results = results.filter("age >= 18 && countryCode = '\(code)'") // OK

// \(code) がプロパティ名として扱われるためPersonクラスにjpという
// プロパティが定義されていないので例外が発生します。
results = results.filter("age >= 18 && countryCode = \(code)") // 例外
```

○リスト8.11：文字列補完構文使用時の注意（その2）

```
let optionalCode: String? = "jp"
results = results.filter("age >= 18 && countryCode = '\(optionalCode)'")
// 文字列補完構文はオプショナル型を「Optional(\"jp\")」と展開するので構文は次のようになります。
// age >= 18 AND countryCode == "Optional(\"jp\")"
```

○リスト8.12：プロパティを変数で指定する

```
let age = 18
let propertyName = "countryCode"
let code = "jp"
// 引数の文字列をプロパティ名として扱いたい場合は%Kを使用します。
results = results.filter("age >= %@ && %K = %@", age, propertyName, code)
```

基本の比較演算子

基本の比較演算子は**表8.2**のとおりです。Int、Int8、Int16、Int32、Int64、Float、Double、Dateには「==、<=、<、>=、>、!=、BETWEEN」が使用できます。Boolは「==、!=」が、String、Dataには「==、!=」が使用できます（**リスト8.13**）。

論理演算子

論理演算子は**表8.3**があり、実装例を**リスト8.14**のとおりです。

文字列の比較演算子

文字列の比較演算子は**表8.4**のとおりです。**リスト8.15**のようにString、Dataには「BEGINSWITH、CONTAINS、ENDSWITH」を、Stringはさらに「LIKE」も使用可能です。LIKEは、「?」と「*」がワイルドカードとして使用でき、?は任意の1文字に、*は任意の0以上の文字にマッチします。例えばvalue LIKE '?bc*'というクエリは、"abcde"や"cbc"にマッチします。

> MATCHES（正規表現）の比較はサポートされていません。

○表8.2：基本的な比較演算子

演算子	意味
=、==	左辺値と右辺値が等しい
>=、=>	左辺値は右辺値以上
<=、=<	左辺値は右辺値以下
>	左辺値は右辺値を超える
<	左辺値は右辺値未満
!=、<>	左辺値と右辺値は等しくない
BETWEEN	左辺値は右辺値の範囲内

○リスト8.13：基本的な比較演算子（例）

```
results.filter("age == 20")            // ageが20と等しい
results.filter("age >= 20")            // ageが20以上
results.filter("age => 20")            // ageが20以上
results.filter("age <= 20")            // ageが20以下
results.filter("age =< 20")            // ageが20以下
results.filter("age > 20")             // ageが20を超える
results.filter("age < 20")             // ageが20未満
results.filter("age != 20")            // ageが20と異なる
results.filter("age <> 20")            // ageが20と異なる
results.filter("age BETWEEN {20, 30}") // ageが20以上30以下
// 上記のBETWEENは「results.filter("age >= 20 AND age <= 30")」と同等
```

第8章：モデルオブジェクトの取得

○表8.3：論理演算子

演算子	意味
AND、&&	論理積
OR、||	論理和
NOT、!	否定

○リスト8.14：論理演算子（例）

```
// ageが20以上 かつ countryCodeが'jp'
results.filter("age >= 20 && countryCode = 'jp'")
// ageが30以上 または countryCodeが'jp'
results.filter("age >= 30 || countryCode = 'jp'")
// ageが20未満（ageが20以上の否定）。ageがオプショナル型の場合はnilも含まれます。
results.filter("!(age >= 20)")
```

○表8.4：文字列の比較演算子

演算子	意味
BEGINSWITH	前方一致
CONTAINS	部分一致
ENDSWITH	後方一致
LIKE	パターンマッチング

○リスト8.15：文字列の比較演算子（例）

```
let realm = try! Realm()

try! realm.write {
    realm.add([Person(value: ["name": "Yu Sugawara"]),
               Person(value: ["name": "Tomonori Kawata"])])
}

// データベース内に保存してあるすべてのPersonオブジェクトを取得します。
let results = realm.objects(Person.self)

// BEGINSWITH(前方一致)
// 'Y'から始まるnameのPersonモデル
print("results: \(results.filter("name BEGINSWITH 'Y'"))") // 一致: Yu Sugawara

// CONTAINS(部分一致)
// nameに'ga'を含むPersonモデル
print("results: \(results.filter("name CONTAINS 'ga'"))") // 一致: Yu Sugawara

// ENDSWITH(後方一致)
// nameが'ra'で終わるPersonモデル
print("results: \(results.filter("name ENDSWITH 'ra'"))") // 一致: Yu Sugawara

// LIKE(パターンマッチング)
// nameが'*S?g*'にパターンマッチするPersonモデル(?は任意の1文字、*は任意の0文字以上)
print("results: \(results.filter("name LIKE '*S?g*'"))") // 一致: Yu Sugawara
```

Part2：基礎編

■ 文字列比較のオプション

文字列に対して大文字と小文字を無視して比較するには、cオプションを使用して、「name CONTAINS[c] 'Ja'」のようにします（リスト8.16）。大文字小文字として扱われるのはアルファベットの"A-Z"および"a-z"であることに注意してください。

> ダイアクリティカルマークを無視するオプション「d」はサポートされていません。

集計操作

集計操作には、SQLのANY句やSOME句と同様のキーワードが利用できます（表8.5）。多の要素との比較では必ずANY、NONEのいずれかを指定する必要があります（リスト8.17）。

> ALL（すべての要素が条件と一致する）はサポートされていません。

集計関数

個数や平均などを算出する集計関数として表8.6があります。集計関数は、ObjectとResultsのプロパティに対してサポートされています（リスト8.18）。

○リスト8.16：文字列の大文字と小文字を無視して比較する

```
let realm = try! Realm()

try! realm.write {
    realm.add([Person(value: ["name": "Yu Sugawara"]),
               Person(value: ["name": "Tomonori Kawata"])])
}

// データベース内に保存してあるすべてのPersonオブジェクトを取得します。
let results = realm.objects(Person.self)

// 文字列比較のオプション - 大文字・小文字を区別しない
// 'y'または'Y'から始まるnameのPersonモデル
results.filter("name BEGINSWITH 'y'")     // 一致しない
results.filter("name BEGINSWITH[c] 'y'")  // 一致: Yu Sugawara
```

○表8.5：集計操作

項目	意味
ANY、SOME	いずれかの要素が条件と一致する
NONE	すべての要素が条件と一致しない
IN	いずれかの条件と一致する

○リスト8.17：集計操作（例）

```
let realm = try! Realm()

let cat1 = Cat(value: ["name": "cat1", "age": 3])
let cat2 = Cat(value: ["name": "cat2", "age": 5])
let cat3 = Cat(value: ["name": "cat3", "age": 10])

try! realm.write {
    realm.add([Person(value: ["name": "A",
                              "age": 10,
                              "cats": [cat1]]),
               Person(value: ["name": "B",
                              "age": 20,
                              "cats": [cat1, cat2]]),
               Person(value: ["name": "C",
                              "age": 30,
                              "cats": [cat1, cat2, cat3]])])
}
// データベース内に保存してあるすべてのPersonオブジェクトを取得します。
let results = realm.objects(Person.self)

// ANY（いずれかの要素が条件と一致する）
// person.cats内のいずれかのcat.ageが10と一致するPersonモデル
results.filter("ANY cats.age == 10") // 一致: personC

// NONE（すべての要素が条件と一致しない）
// person.cats内のすべてのcat.ageが5と一致しないPersonモデル
// （つまり、cat2を含まない）
results.filter("NONE cats.age == 5") // 一致: personA

// IN（いずれかの条件と一致する）
// person.ageが15, 20, 25のいずれかと一致するPersonモデル
results.filter("age IN {15, 20, 25}") // 一致: personB
```

○表8.6：集計関数

項目	意味
@count	個数
@avg	平均
@min	最小値
@max	最大値
@sum	加算

○リスト8.18：集計関数（例）

```
let realm = try! Realm()

let cat1 = Cat(value: ["name": "cat1", "age": 3])
let cat2 = Cat(value: ["name": "cat2", "age": 5])
let cat3 = Cat(value: ["name": "cat3", "age": 10])
try! realm.write {
    realm.add([Person(value: ["name": "A",
                              "age": 10,
                              "cats": [cat1]]),
               Person(value: ["name": "B",
```

（次ページにつづく）

Part2：基礎編

（前ページのつづき）

```
                                "age": 20,
                                "cats": [cat1, cat2]]),
            Person(value: ["name": "C",
                                "age": 30,
                                "cats": [cat1, cat2, cat3]])])
}

// データベース内に保存してあるすべてのPersonオブジェクトを取得します。
let results = realm.objects(Person.self)

// @count（個数）
// cats.countが3と一致するPersonモデル（つまりcats内の要素の個数が3）
print("results: \(results.filter("cats.@count == 3"))") // person C

// @avg（平均）
// results内のperson.ageの平均値
print("@avg.age: \(results.value(forKeyPath: "@avg.age")!)") // 20

// @min（最小値）
// results内のperson.ageの最小値
print("@min.age: \(results.value(forKeyPath: "@min.age")!)") // 10

// @max（最大値）
// results内のperson.ageの最大値
print("@max.age: \(results.value(forKeyPath: "@max.age")!)") // 30

// @sum（加算）
// results内のperson.ageの合計値
print("@sum.age: \(results.value(forKeyPath: "@sum.age")!)") // 60
```

サブクエリ（副問合せ）

　サブクエリとはクエリ内でクエリを実行することです。サブクエリの結果に対してクエリを実行することで、より効率的にオブジェクトを検索できます（リスト8.19）。

NSPredicateとNSCompoundPredicate

　ここまでクエリにはNSPredicateの構文を使用してきましたが、NSPredicateをそのまま引数に指定できるfilter(_:)も利用可能です。

【宣言】Results、List、LinkingObjectsクラス

```
public func filter(_ predicate: NSPredicate) -> Results<T>
```

　NSPredicateのサブクラスのNSCompoundPredicateには、NSPredicate同士をANDやORで連結する関数も用意されています。これらを利用すると複雑なクエリもうまくまとめることができます（リスト8.20）。

第8章：モデルオブジェクトの取得

◯リスト8.19：サブクエリ（例）

```
let realm = makeMemoryRealm()

let cat1 = Cat(value: ["name": "cat1", "age": 3])
let cat2 = Cat(value: ["name": "cat2", "age": 5])
let cat3 = Cat(value: ["name": "cat3", "age": 10])

try! realm.write {
    realm.add([Person(value: ["name": "A",
                              "age": 10,
                              "cats": [cat1]]),
               Person(value: ["name": "B",
                              "age": 20,
                              "cats": [cat1, cat2]]),
               Person(value: ["name": "C",
                              "age": 30,
                              "countryCode": "jp",
                              "cats": [cat1, cat2, cat3]])])
}

var results = realm.objects(Person.self) // すべてのPersonモデル

// クエリは、「person.cats内にcat.ageが5以上、10以下のcatを2つ以上含む、Personモデル」で、
// サブクエリ(cat.ageが5以上、10以下のcat)の結果に対して、@countで個数を
// 集計できるところがポイントです。
results = results.filter(
    "SUBQUERY(cats, $cat, $cat.age >= 5 && $cat.age =< 10).@count >= 2")
print("results: \(results)") // [personC]
```

サブクエリは限定的にサポートされていて次の制限があります。
- サブクエリに適用できる集計関数は@countのみ
- SUBQUERY(…).@count と比較できるのは定数のみ
- 相関サブクエリはサポートされていない

◯リスト8.20：NSPredicate と NSCompoundPredicate（例）

```
let realm = makeMemoryRealm()

try! realm.write {
    realm.add([Person(value: ["name": "A",
                              "age": 20]),
               Person(value: ["name": "B",
                              "age": 20,
                              "countryCode": "jp"]),
               Person(value: ["name": "C",
                              "age": 15,
                              "countryCode": "us"])])
}

// データベース内に保存してあるすべてのPersonオブジェクトを取得します。
var results = realm.objects(Person.self) // すべてのPersonモデル

let predicate1 = NSPredicate(format: "age >= 18")
let predicate2 = NSPredicate(format: "countryCode = 'jp'")

// predicate1とpredicate2をANDで連結します。
// 組み合わさった内容は「age >= 18 AND countryCode == \"jp\"」です。
let predicate3 = NSCompoundPredicate(
                    andPredicateWithSubpredicates: [predicate1, predicate2])

let predicate4 = NSPredicate(format: "countryCode = 'us'")
```

```
// predicate3とpredicate4をORで連結します。組み合わさった内容は、
// 「(age >= 18 AND countryCode == \"jp\") OR countryCode == \"us\"」です。
let predicate5 = NSCompoundPredicate(
                    orPredicateWithSubpredicates: [predicate3, predicate4])

// filter(_:)にNSPredicateを渡します。
results = results.filter(predicate5)
print("results: \(results)") // [personB, personC]
```

8.5 クエリの遅延

　クエリの実行は、Results内の要素が実際に使用されるまで遅延されます。つまり、メソッドチェーンなどによって一時的にResultsオブジェクトが作られても、その時点ではResults内の要素にアクセスしていないためクエリは実行されません。つまり**実際にクエリが実行されるのは、取得したResutls内の要素に初めてアクセスしたとき**になります。

　Resultsの要素のアクセスするなどして実際にクエリが実行された後、あるいはNotificationブロックが追加されたときは、ResultsはRealmに変更があるたびにバックグラウンドスレッドでクエリを実行し、自動的に最新の状態にアップデートされます（参照 11.1：通知とは）。

取得するデータ数を制限する

　Realmには、SQLのLIMIT句のような一般的なデータベースにあるクエリでの取得件数の指定が存在しません。これはRealmが一般的なデータベースと異なり遅延ロードがあるため、ストレージの過剰な読み込みや大量のメモリの消費が起こらないからです。例えばResutlsオブジェクトの中身が1万件あった場合に実際に使用されるメモリは1万件のメモリアドレス分です（他にも多少はメモリが使用されます）。その後画面に表示するために100件Results内のオブジェクトにアクセスした場合、そこで初めて100件分のモデルオブジェクトに必要なメモリが使用されます。

　クエリで取得するデータ数の制限はできませんが、UI上の都合などで表示するデータ数を制限したい場合は、取得したResultsオブジェクトに対して実際に利用したいオブジェクトの件数分にアクセスします（リスト8.21）。

○リスト8.21：取得するデータ数を制限する（例）

```
// データを5件に制限したい場合は、
// 単に最初から5番目までのオブジェクトにアクセスします。
let dogs = try! Realm().objects(Dog)
for i in 0..<5 {
    let dog = dogs[i]
    // ...
}
```

第9章 自動更新（ライブアップデート）

マネージドオブジェクトは最新の内部データを参照しています。つまり、オブジェクトは自動で最新の状態が反映されるため、データベースの更新に対する明示的な再読み込みをする必要がありません。プロパティ値やオブジェクトが変更されると、その変更はただちに同じオブジェクトを参照している他のインスタンスにも反映されます。

9.1 使用するモデル定義

本章では、リスト9.1のモデル定義を使って説明します。

> 💡【サンプル】
> サンプル/09_自動更新（ライブアップデート）/RealmAutoUpdating.xcodeproj

○リスト9.1：第9章で使用するモデル定義

```swift
class Person: Object {
    dynamic var name = ""
    dynamic var age = 0
    dynamic var dog: Dog?      // Dogモデルと1対1の関連
    let cats = List<Cat>()     // Catモデルと1対多の関連
}

class Animal: Object {
    dynamic var name = ""
    dynamic var age = 0
}

class Dog: Animal { // Animalを継承
    let persons = LinkingObjects(fromType: Person.self,
                                  property: "dog") // Personへの逆方向の関連
}

class Cat: Animal { // Animalを継承
    let persons = LinkingObjects(fromType: Person.self,
                                  property: "cats") // Personへの逆方向の関連
}

class UniqueObject: Object {
    dynamic var id = 0
    dynamic var value = ""

    override static func primaryKey() -> String? {
        return "id" // idプロパティをプライマリキーに指定
    }
}
```

9.2 モデルオブジェクトの自動更新

マネージドオブジェクトになっているモデルオブジェクトのプロパティ値は、最新の内部データを参照しています。これはデータベースから取得したモデルオブジェクトはもちろんのこと、アンマネージドオブジェクトからマネージドオブジェクトに変わったモデルオブジェクトのインスタンスでも対象になります（リスト9.2）。

9.3 関連（1対1、1対多、逆方向）の自動更新

マネージドオブジェクトになっている1対1の関連（Object）、1対多の関連（List）、逆方向の関連（LinkingObjects）は、関連するオブジェクトの状態に応じて要素が追加されたり取り除かれたり、最新の状態が反映されるよう自動更新されます。

1対1と逆方向の関連の場合と1対多と逆方向の関連の場合の例をリスト9.3とリスト9.4に示します。

○リスト9.2：モデルオブジェクトの自動更新（例）

```
let realm = try! Realm()  // デフォルトRealmを取得

let id = 1
let object = UniqueObject(value: ["id": id,
                                  "value": "abc"])
try! realm.write {
    realm.add(object)  // objectはマネージドオブジェクトになります。
}

// データベースからidが1のUniqueObjectを取得します。
let fetchedObject = realm.object(ofType: UniqueObject.self,
                                 forPrimaryKey: id)!
/*
 objectとfetchedObjectは別のインスタンスですが、
 idが1である同じデータベースのオブジェクトを参照しています。
 valueは両方ともabcになります。
 */
print("object.value: \(object.value)")  // abc
print("fetchedObject.value: \(fetchedObject.value)")  // abc

// idが1のUniqueObjectのvalueをABCに更新します。
try! realm.write {
    realm.create(UniqueObject.self,
                 value: ["id": id,
                         "value": "ABC"],
                 update: true)
}

/*
 objectとfetchedObjectは最新のデータベースの内容を参照しているので、
 valueは更新された最新データのABCになります。
 */
print("object.value: \(object.value)")  // ABC
print("fetchedObject.value: \(fetchedObject.value)")  // ABC
```

第9章：自動更新（ライブアップデート）

○リスト9.3：1対1と逆方向の関連の自動更新（例）

```
let realm = try! Realm() // デフォルトRealmを取得

let person = Person(value: ["name": "Yu",
                            "age": 32])
let dog = Dog(value: ["name": "Momo", "age": 9])

try! realm.write {
    realm.add(person) // personはマネージドオブジェクトになります。
    realm.add(dog) // dogはマネージドオブジェクトになります。
}

// dogはどことも関連がないので逆方向の関連はありません
print("dog.persons.count: \(dog.persons.count)") // 0
// personにdogとの関連を追加します。
try! realm.write {
    person.dog = dog
}

// dogの逆方向の関連が自動で反映されます。
print("dog.persons: \(dog.persons)") // personが含まれています。

// dogを削除します。
try! realm.write {
    realm.delete(dog)
}

// dogが削除されたことがpersonにも反映されるのでnilになります。
print("person.dog: \(person.dog)") // nil
```

○リスト9.4：1対多と逆方向の関連の自動更新（例）

```
let realm = try! Realm() // デフォルトRealmを取得

let person = Person(value: ["name": "Yu",
                            "age": 32])
let cat = Cat(value: ["name": "Toto", "age": 1])

try! realm.write {
    realm.add(person) // personはマネージドオブジェクトになります。
    realm.add(cat) // catはマネージドオブジェクトになります。
}

// catはどことも関連がないので逆方向の関連はありません
print("cat.persons.count: \(cat.persons.count)") // 0
// personにcatとの関連を追加します。
try! realm.write {
    person.cats.append(cat)
}

// catの逆方向の関連が自動で反映されます。
print("cat.persons: \(cat.persons)") // personが含まれています。

// catを削除します。
try! realm.write {
    realm.delete(cat)
}

// catが削除されたことがpersonにも反映され、person.catsからcatが取り除かれます。
print("person.cats.count: \(person.cats.count)") // 0
```

9.4 検索結果（Results）の自動更新

　Resultsはデータベースが更新された場合に、同一の条件なら再度クエリを指定することなく自動で最新の状態が反映されます（リスト9.5）。

○リスト9.5：検索結果（Results）の自動更新（例）

```
let realm = try! Realm() // デフォルトRealmを取得

// resutlsを生成
let results = realm.objects(Cat.self) // Catモデルオブジェクト
    .filter("age >= 5") // 5歳以上
    .sorted(byKeyPath: "age", ascending: true) // ageで昇順ソート

// データベースにCatがないので、resultsは0件です。
print("results.count: \(results.count)") // 0

// cat1を加えます。ageは1です。
let cat1 = Cat(value: ["name": "Toto", "age": 1])
try! realm.write {
    realm.add(cat1)
}

// データベースにCatは1件あるのですが、cat1.ageが5未満なのでresults
// は変わらず0件です。
print("results.count: \(results.count)") // 0

// cat1.ageを10に変更します。
try! realm.write {
    cat1.age = 10
}

// cat1が5歳以上の条件にマッチしたので、resultsにcat1が自動で追加されます。
print("results: \(results)") // [cat1]

// cat2を追加します。ageは5です。
let cat2 = Cat(value: ["name": "Rao", "age": 5])
try! realm.write {
    realm.add(cat2)
}

// cat2は5歳以上の条件にマッチしているので、resultsにcat2が自動で追加されます。
// ageで昇順ソートもされています。
print("results: \(results)") // [cat2, cat1]

// cat2を削除します。
try! realm.write {
    realm.delete(cat2)
}

// cat2がデータベースから削除されたので、resultsからcat2が自動で取り除かれます。
print("results: \(results)") // [cat1]
```

9.5 自動更新の例外

自動更新の唯一の例外として、ResutlsまたはLinkingObjectsをfor-inループで列挙する場合に、列挙されるオブジェクトは自動更新に影響されず、ループ開始時点のすべてのオブジェクトが列挙されます（**リスト9.6**）。

○リスト9.6：自動更新の例外（例）

```
let realm = try! Realm() // デフォルトRealmを取得

let results = realm.objects(Cat.self).filter("age == 10")

// ageが10のCatを5件追加します。
try! realm.write {
    realm.add([Cat(value: ["name": "cat1", "age": 10]),
               Cat(value: ["name": "cat2", "age": 10]),
               Cat(value: ["name": "cat3", "age": 10]),
               Cat(value: ["name": "cat4", "age": 10]),
               Cat(value: ["name": "cat5", "age": 10])])
}

// 追加したcatはすべて条件にマッチするので、resultsは5件です。
print("results.count: \(results.count)") // 5

try! realm.write {
    // for-inの中でresults内の要素を変更します。
    for cat in results {
        // 5件すべて列挙されます。
        print("for-in cat.name: \(cat.name)") // cat1〜cat5まで列挙

        // 列挙しているcatのageを変更します。
        cat.age += 1

        /*
         cat.ageが11に変更されたので、resultsインスタンスは自動更新されます。
         resultsにアクセスするとcatが取り除かれていることが確認できます。
         ただし、for-inで列挙されるcatは変更がなく、ループ開始時点の5件すべてのCatが列挙される
         というところがポイントです。
         */
        print("for-in results.count: \(results.count)") // 4, 3, 2, 1, 0と変化
    }
}

// すべてのcat.ageが変更され条件にマッチしなくなったので、resultsは0件です。
print("results.count: \(results.count)") // 0
```

第10章 マルチスレッド

本章では、マルチスレッドで懸念される異なるスレッド間でのオブジェクトの制約などについて説明します。

10.1 データの整合性（一貫性）

　Realmのデータベースは、複数の異なるスレッドから同時にデータの取得や更新を行っても、安全にアクセスできる作りになっています。つまり、並列処理やマルチスレッド時にデータベースに対するロックや排他処理を一切考えなくてもよいということです。

　Realmのデータベース内のデータは、スレッド（トランザクション）ごとにデータを保持しており、それぞれのスレッドごとのスナップショットのデータが返され、不整合な状態が見えることはありません。

10.2 異なるスレッド間でのオブジェクトの制約

　Realmのデータベースは、異なるスレッド間でのデータベースへの安全なアクセスは保証されていますが、RealmインスタンスやObject、Resultsなどのマネージドオブジェクトのインスタンス自体はスレッドセーフではなく、スレッドまたはディスパッチキュー間では共有できません。Realmインスタンスやマネージドオブジェクトのインスタンスは、**スレッドをまたいでアクセスすると例外**が発生します（**リスト10.1**）。これはRealmがトランザクションを分離するために必要な技術的な制約です。

　一部例外として、インスタンスがスレッドをまたいでも、次のプロパティとメソッドはアクセス可能です。

- Realm：すべてのプロパティ、クラスメソッド、イニシャライザ
- Object：invalidated、objectSchema、realm、クラスメソッド、イニシャライザ
- Results：objectClassName、realm

> 📖 Realmインスタンスは、初期化時にスレッドID（pthread_t）を保持します。Realmインスタンスはデータベースにアクセスする際に、初期化時のスレッドIDと現在のスレッドIDが比較され、そこで異なるスレッドIDなら例外を発生させデータベースにアクセスさせない仕組みになっています。これはRealmがトランザクションを分離させるために必要な仕様です。
>
> 　マネージドオブジェクトは、必ずRealmインスタンスを持っており、値にアクセスするときは同じくRealmインスタンスのスレッドチェックが行われます。そのため、

第10章：マルチスレッド

> マネージドオブジェクトもスレッドをまたげない仕様となっています。
> 　一部例外でアクセスできるプロパティとメソッドは、言い換えるとデータベースへのアクセスが発生しないものが使用できるということです。

　アンマネージドのモデルオブジェクトは通常のオブジェクトとして扱えるため、スレッドをまたいでインスタンスにアクセスしても問題はありません（**リスト10.2**）。
　異なるスレッド間でマネージドオブジェクトのインスタンスを共有することはできないのですが、ThreadSafeReferenceクラスを用いてオブジェクトを受け渡す方法は用意されています（参照 17.7：異なるスレッド間でオブジェクトを受け渡す）。

○リスト10.1：異なるスレッド間でのオブジェクトの制約

```
let realm = try! Realm()          // メインスレッドのRealmを取得（生成）
let demoObject = DemoObject()     // アンマネージドオブジェクトを生成
try! realm.write {
    // メインスレッドのRealmに保存します。
    // これでdemoObjectはマネージドオブジェクトになります。
    realm.add(demoObject)
}
let results = realm.objects(DemoObject.self)  // メインスレッドのRealmから生成

DispatchQueue.global().async {
    // ここはグローバルキューのスレッドになりメインスレッドとは異なるスレッド

    /*
     各インスタンスはメインスレッドで生成しているので、
     ここでアクセスするとそれぞれ例外が発生します。
     */
    try! realm.write {} // 例外: 'Realm accessed from incorrect thread.'
    print(demoObject)   // 例外: 'Realm accessed from incorrect thread.'
    print(results)      // 例外: 'Realm accessed from incorrect thread'
}
```

○リスト10.2：スレッドをまたいでアクセスできるアンマネージドオブジェクト

```
let realm = try! Realm()          // メインスレッドのRealmを取得
let demoObject = DemoObject()     // アンマネージドオブジェクトを生成

DispatchQueue.global().async {
    // ここはグローバルキューのスレッドになりメインスレッドとは異なります。

    /*
     demoObjectはRealmに管理されていない（＝アンマネージド）ので、
     通常のオブジェクトと同様に扱えます。
     */
    print(demoObject)
}
```

10.3 異なるスレッド間で同じRealmファイルを扱う

　例えば、大量のデータを追加するときにメインスレッドで行うと画面（UI）の更新に影響がでる可能性があります。そこで、メインスレッドをブロックするのを避けるために、バックグラウンドスレッドでデータベースを更新することが考えられます。バックグラウンドスレッドから同じRealmのデータベースにアクセスしてデータを更新するためには、バックグラウンドスレッド内で同一の設定（Realm.Configuration構造体）を使用し、Realmインスタンスを生成する必要があります。異なるスレッドでRealmインスタンスを生成するときに、**内部キャッシュがない状態なら最新のRealmファイルの状態が反映**されます（リスト10.3）。

　デフォルトRealmを取得するRealm()は、内部ではデフォルト設定（Realm.Configuration.defaultConfiguration）から生成されています（参照 12.3：デフォルトRealmの設定変更）。そのため、スレッド毎にRealm()を実行すれば、適切なインスタンスが取得できます（リスト10.4）。

○リスト10.3：異なるスレッド間で同じRealmファイルを扱う

```
let customFileURL = Realm.Configuration.defaultConfiguration.fileURL!
    .deletingLastPathComponent()
    .appendingPathComponent("other.realm")
let config = Realm.Configuration(fileURL: customFileURL)

// RealmファイルはDocuments/other.realmです。
let realm = try! Realm(configuration: config)

DispatchQueue.global().async {
    // ここはグローバルキューのスレッドになりメインスレッドとは異なります。

    /*
     RealmファイルはDocuments/other.realmです。
     データは最新の状態が反映されています。
     */
    let realm = try! Realm(configuration: config)
}
```

○リスト10.4：デフォルトRealmを取得するRealm()

```
let realm = try! Realm()  //  メインスレッドのデフォルトRealmを取得

DispatchQueue.global().async {
    // ここはグローバルキューのスレッドになりメインスレッドとは異なります。

    /*
     Realm()は内部ではRealm.Configuration.defaultConfigurationで
     初期化されています。
     データは最新の状態が反映されています。
     */
    let realm = try! Realm()  //  バックグラウンドスレッドのデフォルトRealmを取得
}
```

10.4 異なるスレッドで更新したデータの反映

　Realmのデータベースは異なるスレッド間で安全にデータが更新される仕組みになっています。ここで疑問となるのは異なるスレッド間のRealmインスタンスはお互いどのタイミングでデータが反映されるのでしょうか。結論から言うと、デフォルトでは自動更新設定（Realmのautorefreshプロパティがtrue）になっているため、異なるスレッドからの変更が反映されるタイミングは気にする必要なく、自動で適切なタイミングにお互いのデータが反映されます（for-inループで列挙されるオブジェクトは自動更新に影響されないという唯一の例外はあります（参照 9.5：自動更新の例外））。気をつけることは、Realmインスタンスを異なるスレッド間をまたいで共有してはいけないという点だけです。

　データベースの更新タイミングで何かを行う場合は、通知を利用するのが望ましいです（参照 第11章：通知）。

設定と明示的なデータ反映

　Realmクラスにはautorefreshプロパティがあります。autorefreshがtrue（デフォルト値）だと、異なるスレッドでデータベースが更新された場合に内部の自動更新のタイミングで変更内容が反映される仕組みになっています（リスト10.5）。

　autorefreshをfalseにした場合は、異なるスレッドで更新されたデータは反映されません。これはデータにアクセスできないわけではなく、**変更前のデータにアクセス**することになります。反映させるには、明示的にRealmのrefresh()を実行する必要があります（リスト10.6）。

　refresh()以外にもbeginWrite()の呼び出しでも最新のデータが反映されます。autorefreshを無効にし、更新タイミングをコントロールしたい場合は、**Realmインスタンスを強参照**する必要があることに注意してください。強参照していないと内部キャッシュが利用されず常に初期化されることになるため、最新のRealmファイルの内容が反映されることになります。

> 【サンプル】
> サンプル/10-04_異なるスレッドで更新されたデータの反映/RealmRefresh.xcodeproj

○リスト10.5：内部の自動更新のタイミングで変更内容が反映される

```
DispatchQueue.global().async {
    let realm = try! Realm() // 現在のスレッド（グローバルキュー）のRealmを取得

    try! realm.write {
        realm.add(DemoObject())
    } // 内部の自動更新のタイミングで、変更内容が他のスレッドのRealmに反映されます。
}
```

○リスト10.6：サンプル/10-04_異なるスレッドで更新されたデータの反映/RealmRefresh.xcodeprojから抜粋

```
let realm = try! Realm()  // メインスレッドのRealmを取得
realm.autorefresh = false  // 自動更新を無効にする

try! realm.write {
    realm.add(DemoObject())  // DemoObjectを追加
}

// DemoObjectが1つあることが確認できます。
print("1: \(realm.objects(DemoObject.self))")

/*
 autorefreshを無効にするために、メインスレッドのRealmインスタンスを強参照します。
 強参照をしていないと、次にメインスレッドのRealmを取得する際に内部キャッシュが利用
 されず、初回のRealmインスタンスの生成となり、最新のRealmファイルの状態が反映され
 てしまうからです。詳しくは、10.5：Realmの内部キャッシュを参照してください。
 */
self.realm = realm

DispatchQueue.global().async {
    /*
     現在のスレッド（グローバルキュー）のRealmを取得します。
     このスレッドでは初めて取得するRealmインスタンスなので、最新のRealmファイルの
     データが反映されています。つまりは、DemoObjectが1つある状態です。
     */
    let realm = try! Realm()

    // DemoObjectが1つあることが確認できます。
    print("2: \(realm.objects(DemoObject.self))")
    try! realm.write {
        realm.deleteAll()  // すべてのオブジェクトを削除
    }
    // 削除したのでDemoObjectはなくなります。
    print("3: \(realm.objects(DemoObject.self))")

    DispatchQueue.main.async {
        // メインスレッドのRealmを取得。内部でキャッシュしているインスタンスが
        // 返されます。
        let realm = try! Realm()

        /*
         autorefreshを無効にしているため、この時点ではグローバルキューで
         オブジェクトが削除されたことは反映されていなく、
         DemoObjectが存在します。
         (削除が反映される前の古いデータに安全にアクセスできます)
         */
        // DemoObjectは1つあることが確認できます。
        print("4: \(realm.objects(DemoObject.self))")

        // 異なるスレッドでの変更を反映（グローバルキューでの更新が反映されます）
        realm.refresh()

        /*
         グローバルキューでのRealmの変更が反映され、
         DemoObjectが削除された結果になります。
         */

        // DemoObjectはないことが確認できます。
        print("5: \(realm.objects(DemoObject.self))")
    }
}
```

📖 「異なるスレッド間のデータが自動で更新されるタイミング」とは、実行ループが回るごとのタイミングです。メインスレッドは実行ループを持っていますが、一般的なバックグラウンドスレッドは、実行ループを持っていないため、最新のデータを反映するためには明示的にrefresh()を呼ぶ必要があります。ただし、初回の生成時には最新のRealmファイルの内容が反映されています。

10.5 Realmインスタンスの内部キャッシュ

　Realmインスタンスは、内部でスレッド毎にキャッシュされます。そのため、同じスレッドのRealmインスタンスを再度取得する場合は、内部キャッシュが利用されることになり、取得毎のオーバーヘッドが軽減します。

📖 Realmインスタンスの内部キャッシュは、NSMapTableの弱参照（NSPointerFunctionsWeakMemory）です。キーは、RealmファイルのファイルパスとスレッドID（mach_port_t）の2つが使われています。キャッシュを返すための"同等なRealmインスタンス"の判断は、同一ファイルパスかつ同一スレッドIDかになります。

10.6 Realmファイルのサイズ肥大化について

　Realmファイルの容量が想定よりも大きい場合はRealmが古い履歴データを残している可能性があります。Realmのデータベースは、データの一貫性を保つために最新のデータにアクセスしたときのみ履歴をアップデートします。これは別のスレッドが多くのデータを長い時間をかけて書き込んでいる最中にデータを読み出そうとした場合、履歴はアップデートされずに古いデータを読み出すことになります。結果として、履歴の中間データが増加していくことになります。

　Realmファイルのファイルサイズ肥大化を防止または解消する方法については、17.3：肥大化したRealmファイルのサイズを最適化するを参照してください。

第11章 通知

Realmでは、データが更新されたときの通知ハンドラ（通知された後に実行する処理）を追加できます。本章では、通知の使用例などを説明します。

11.1 通知とは

通知をサポートしているクラスは、Realm、Object、Results、List、LinkingObjectsです。追加した通知ハンドラは、データが更新された後の適切なタイミングで呼ばれます。そのため、通知ハンドラ内でUIを更新するように実装すれば、その時点での最新のデータベースの状況を画面に反映することができます。

> 【サンプル】
> サンプル/11_01通知/RealmNotification.xcodeproj

11.2 通知ハンドラの追加

通知ハンドラの追加は、メインスレッド内でaddNotificationBlock()を使用し、引数に通知ハンドラ（クロージャ）を渡します（**リスト11.1**）。

addNotificationBlock()の戻り値は、NotificationTokenインスタンスです（参照 Appendix A.5.2：タイプエイリアス）。NotificationTokenは通知期間を管理するクラスで、このインスタンスを強参照している間は通知が有効になります。通知の停止もNotificationTokenを利用します（参照 11.4：通知の停止）。

> 通知ハンドラの追加は、実行ループを持っているスレッドからのみ追加可能で、一般的なバックグラウンドスレッドは実行ループを持っていないため、通常はメインスレッドからのみになります。
>
> Realm内部ではNotificationTokenをNSHashTableの弱参照（NSPointerFunctionsWeakMemory）で保持しています。内部での管理が弱参照のため、外部で強参照する必要があるということです。内部で管理しているインスタンスの生存期間を外部の強参照に委ねることで、通知ハンドラの有効期間も安全に外部に委ねることができる設計になっています。

○リスト11.1：通知の追加

```
class TableViewController: UITableViewController {
    // 通知を有効にしたい期間中は、NotificationTokenを強参照で保持する必要があります。
    var token: NotificationToken?

    override func viewDidLoad() {
        super.viewDidLoad()

        let realm = try! Realm()

        // Realmクラスの通知ハンドラを追加する。
        token = realm.addNotificationBlock { (notification, realm) in
            // 通知ハンドラ
        }
    }
}
```

11.3 通知ハンドラの特徴と定義

通知ハンドラは次の特徴があります。

- 追加したスレッドと同じスレッドで呼び出される
- データが更新された後の適切なタイミングで呼び出される
- 変更毎に必ず通知されるわけではなく、複数のトランザクションで同時に変更がされた場合は通知が1つにまとめられることもある
- 各書き込みトランザクションがコミットされた後に、スレッドまたはプロセスとは独立して呼び出される
- 実行ループが他のアクティビティによりブロックされている間は通知されない

通知ハンドラの引数は、Realm、Object、コレクションクラス（Results、List、Linking Objects）でそれぞれ異なります。

Realmクラス

Realmクラスは、データが更新されたときの通知を受け取ることができます。クロージャの引数には、通知が発生したRealmインスタンスと通知の種類を表すRealm.Notification列挙型（ 参照 Appendix A.3.1：Realm.Notification）で、Realm.NotificationにはdidChange、refreshRequiredが渡されます。Realm.Notificationを利用すると、データ更新の状況別の処理を実装できます（リスト11.2）。

【宣言】Realm.Notification列挙型

```
public enum Notification : String {
    case didChange
    case refreshRequired
}
```

■ Realm.Notification

- didChange

Realm内のデータが変更されたことを表します。

- refreshRequired

自動更新（autorefresh）を無効にしている場合に、異なるスレッドのRealmインスタンスによりデータベースが更新されたことを表します。

> addNotificationBlock()のクロージャは、呼び出し元のRealmインスタンスをキャプチャ（強参照）します。

○リスト11.2：Realmクラスの通知ハンドラを追加

```
class TableViewController: UITableViewController {
    // 通知を有効にしたい期間中は、NotificationTokenを強参照で保持する必要があります。
    var token: NotificationToken?

    override func viewDidLoad() {
        super.viewDidLoad()

        let realm = try! Realm()

        // Realmクラスの通知ハンドラを追加。
        token = realm.addNotificationBlock { (notification, realm) in
            switch notification {
            case .didChange:
                print("Realm内のデータが更新されました。")
            case .refreshRequired:
                print("自動更新(autorefresh)が無効かつ、異なるRealmインスタンスによりデータベースが更新されました。")
            }
        }
    }
}
```

Objectクラス

Objectクラスは、プロパティが更新された時の通知を受け取ることができます。クロージャの引数には、Objectの変更情報を持つObjectChange列挙型（参照 Appendix A.3.3：ObjectChange）で、error、change、deletedが渡されます。ObjectChangeを利用すると、データ更新の状況別の処理を実装できます。

【宣言】ObjectChange列挙型

```
public enum ObjectChange {
    case error(_: NSError)
    case change(_: [PropertyChange])
    case deleted
}
```

■ ObjectChange

- error

エラーが発生したことを表します。NSErrorを持ち、エラー通知以降は通知ハンドラは呼び出されなくなります。エラーは、バックグラウンドスレッドで開いているRealmで、コレクションの変更情報を計算するときのみ発生する可能性があります。

- change

1つまたは複数のプロパティが変更されたことを表します。プロパティの変更情報を持つPropertyChange構造体（ 参照 Appendix A.2.3：PropertyChange）を配列で持ちます。PropertyChangeは、表11.1の値を含みます。

- deleted

オブジェクトがRealmから削除されたことを表します。

■ 通知の使用例

通知の使用例はリスト11.3のとおりです。

> 【サンプル】
> サンプル/11-03_通知ハンドラ_Object/RealmObjectNotification.xcodeproj

○表11.1：PropertyChange

プロパティ	説明
name	変更されたプロパティ名
oldValue	変更前のプロパティ値。通知が追加されたスレッドと同一スレッドでの更新とListプロパティは常にnilになる
newValue	変更後のプロパティ値。Listプロパティの変更では常にnilになる

○リスト11.3：通知の使用例（サンプル/11-03_通知ハンドラ_Object/RealmObjectNotification.xcodeprojから抜粋）

```swift
class ViewController: UIViewController {

    // 通知を有効にしたい期間中は、NotificationTokenを強参照で保持する必要があります。
    var notificationToken: NotificationToken?

    @IBAction func addObject() {
        let realm = try! Realm()

        guard realm.objects(DemoObject.self).count == 0 else {
            print("すでにDemoObjectは追加されています。")
            return
        }

        let object = DemoObject()
        object.subObject = SubObject()

        try! realm.write {
```

（次ページにつづく）

(前ページのつづき)

```
            realm.add(object)
        }

        notificationToken?.stop()

        print("DemoObjectを追加しました。\n\(object)\n通知ハンドラを追加しました。")
        notificationToken = object.addNotificationBlock({ (change) in
            /*
              通知ハンドラのクロージャ内で、通知対象のモデルオブジェクトへの強い参照は安全に持つこと
              ができます。
              これは、通知ハンドラのクロージャは戻り値のNotificationTokenインスタンスによって
              保持されるため循環参照の問題が起こらないからです。
            */
            print("通知が呼ばれました。 object: \(object)")

            switch change {
            case .change(let properties):
                /*
                  propertiesは変更されたプロパティの情報（参照 Appendix A.2.3：PropertyChange）
                  の配列です。変更されたプロパティ名を特定するのに簡単な方法は、first(where:)を使用
                  する方法です。

                  オプショナル型のプロパティの場合は、oldValueやnewValueがnilに
                  なる場合にあることに注意してください。
                */
                if let property = properties.first(where: { $0.name == "id" }) {
                    let newValue = property.newValue as! Int
                    let oldValue = property.oldValue as? Int
                    self.print("通知: \(property.name)が\(oldValue)から\(newValue)に更新されました。")
                }
                if let property = properties.first(where: { $0.name == "subObject" }) {
                    let newValue = property.newValue as! SubObject
                    let oldValue = property.oldValue as? SubObject
                    self.print("通知: \(property.name)が\(oldValue)から\(newValue)に更新されました。")
                }
            case .deleted:
                print("通知: DemoObjectが削除されました。")
            case .error(let error):
                print("通知: エラー: \(error)")
            }
        })
    }
}
```

コレクションクラス

　コレクションクラス（Results、List、LinkingObjects）は、内部の要素が変更されたときの通知を受け取ることができます。

　クロージャの引数には、コレクションの変更に関する情報をカプセル化したRealmCollectionChange列挙型（参照 Appendix A.3.2：RealmCollectionChange）で、initial、update、errorが渡されます。RealmCollectionChangeを利用すると、コレクションの変更状況別の処理を実装できます。

【宣言】 RealmCollectionChange列挙型

```
public enum RealmCollectionChange<T> {
    case initial(T)
    case update(T, deletions: [Int], insertions: [Int], modifications: [Int])
    case error(Error)
}
```

■ RealmCollectionChange

- initial

初回の実行が完了したことを表します。この時点で、クエリがあれば実行されておりコレクションにはメインスレッドをブロックすることなくアクセス可能な状態になっています。

- update

コレクションの要素が更新されたことを表します。コレクションの各変更の種類に対応する単純なインデックス（Int）の配列を持っています。

  - deletions

    コレクションから削除されたオブジェクトのインデックスの配列です。インデックスは1つ前のコレクションに対応したものになります。

  - insertions

    コレクションに追加されたオブジェクトのインデックスの配列です。

  - modifications

    コレクション内で更新されたオブジェクトのインデックスの配列です。

  各配列内のインデックスは常に昇順にソートされています。
  modificationsはオブジェクトのプロパティが変更されたときのインデックスを含みます。これは1対1や1対多の関連が変更された場合にも当てはまります。ただし、逆方向の関連の変更は含まれません。

- error

エラーが発生したことを表します。Errorを持ち、エラー通知以降は通知ハンドラは呼び出されなくなります。エラーは、バックグラウンドスレッドで開いているRealmでコレクションの変更情報を計算するときのみ発生する可能性があります。

> 【サンプル】
> サンプル/11-03_通知ハンドラ_RealmCollectionChange-updateの挙動確認/
> RealmCollectionChange.xcodeproj

UIの更新

　RealmCollectionChange.updateが持つ各変更のインデックスの配列（deletions、insertions、modifications）を利用すると、よりわかりやすいアニメーションを伴ったUIの更新を行うことができます。例えばUITableViewですと、各インデックスの配列をIndexPathに変換した後は、UITableViewのバッチ更新関数にそのまま渡すことができます（リスト11.4）。

○リスト11.4：UIの更新（サンプル/11_通知/RealmNotification.xcodeprojから抜粋）

```
class DemoObject: Object {
    dynamic var date = Date()
}

class TableViewController: UITableViewController {
    // 作成日で降順にソートしたすべてのDemoObject
    let allObjects = try! Realm().objects(DemoObject.self)
                        .sorted(byProperty: "date", ascending: false)
    var notificationToken: NotificationToken? // UI更新用の通知トークン

    override func viewDidLoad() {
        super.viewDidLoad()

        let realm = try! Realm()

        // Resultsクラスの通知を追加
        notificationToken = allObjects.addNotificationBlock
                                        { [weak tableView] (change) in
            print("Resultsクラスの通知(allObjects)が呼ばれました。")
            switch change {
            case .initial(let allObjects):
                // allObjectsはメインスレッドをブロックすることなくアクセス可能な状態
                break
            case .update(let allObjects,
                        let deletions,
                        let insertions,
                        let modifications):
                // allObjectsはメインスレッドをブロックすることなくアクセス可能な状態

                /*
                各変更のインデックスの配列(deletions, insertions, modifications)
                をIndexPathに変換した後は、UITableViewのバッチ更新関数に
                そのまま渡すことができます。

                    allObjects内のDemoObjectの更新(追加・削除・プロパティの変更)に対して、
                    tableViewをアニメーション有りで更新します。
                */
                tableView?.beginUpdates()
                tableView?.insertRows(at: insertions.map
                                        { IndexPath(row: $0, section: 0) },
                                        with: .automatic)
                tableView?.deleteRows(at: deletions.map
                                        { IndexPath(row: $0, section: 0)},
                                        with: .automatic)
                tableView?.reloadRows(at: modifications.map
                                        { IndexPath(row: $0, section: 0) },
                                        with: .automatic)
                tableView?.endUpdates()
```

（次ページにつづく）

（前ページのつづき）
```
            case .error(let error):
                print("→ エラーが発生しました。 error: \(error)")
            }
        }
    }
}
```

11.4 通知の停止

強参照で保持していたNotificationTokenインスタンスに対してstop()を実行することで通知は停止します（リスト11.5）。

○リスト11.5：通知の停止（サンプル/11_通知/RealmNotification.xcodeproj から抜粋）

```
deinit {
    notificationToken?.stop() // 通知の停止
}
```

> 強参照で保持しているNotificationTokenインスタンスを解放しても通知は停止します。つまり、仮にstop()を呼び忘れてしまった場合でも、解放済みのインスタンスに対する不要な通知が発生しないようになっています。

11.5 通知のスキップ

　通知ハンドラはデータの変更が起きた場合に必ず呼ばれます（複数のトランザクションで同時に変更がされた場合などは通知が1つにまとめられることはあります）。そのおかげで、通知ハンドラ内でUIの更新を行うことでデータと表示部分の不整合が起こらなくなります。しかし、通知ハンドラ内ではUIの更新が難しいケースがいくつかあります。例えば、UITableViewでセルの並び替えを実装するときに、セルを並び替えに対するUIの変更は、セルの移動前と移動先のインデックスが必要になるためRealmCollectionChangeではUIの更新に対応ができません。

　そこで、コミット時に通知をスキップ（通知を発生させない）する方法が用意されています（リスト11.6）。コミット関数のcommitWrite(withoutNotifying:)の引数にスキップしたい通知のNotificationTokenを配列で渡します。配列を渡すように設計されているのは、複数の通知を同時にスキップできるようにするためです。

　Realmの通知はRealm、Object、Results、List、LinkingObjectsクラスが対応しており、柔軟にオブジェクトの変更通知を受け取ることができます。通知のスキップを活用するとUI更新に限らず、さまざまな通知をより細かい制御が可能です。

> 【サンプル】
> サンプル/11-05_通知のスキップ/RealmWithoutNotifying.xcodeproj

○リスト11.6：通知のスキップ（サンプル/11-05_通知のスキップ/RealmWithoutNotifying.xcodeprojから抜粋）

```
override func tableView(_ tableView: UITableView,
                        moveRowAt sourceIndexPath: IndexPath, // 移動元のIndexPath
                        to destinationIndexPath: IndexPath)   // 移動先のIndexPath
{
    let realm = try! Realm()

    /* 並び替えに対応するデータの変更 */

    // 書き込みトランザクションの開始
    realm.beginWrite()
    // モデルオブジェクトの移動
    list.objects.move(from: sourceIndexPath.row,
                      to: destinationIndexPath.row)
    // Listの通知(list.objects)をスキップしてコミット
    try! realm.commitWrite(withoutNotifying: [notificationToken!])

    /* データの変更に対応するUIの更新 */

    // 通知ハンドラが呼ばれないためここで適切にUIを更新する必要があります。
    tableView.moveRow(at: sourceIndexPath,
                      to: destinationIndexPath)
}
```

11.6 キー値監視（KVO）

　キー値監視とはプロパティの値が変更されたことを別のオブジェクト（オブザーバ）に伝える仕組みのことです。Realmオブジェクトのほとんどのプロパティはキー値監視（KVO）に対応しています。

> ! KVOはいくつかのデメリットがあり、メソッドは冗長で、プロパティも1つずつしか監視できません。また、実行は同期的なため、メインスレッド（UIスレッド）をブロックする可能性があります。モデルオブジェクトのプロパティ値を監視したい場合は、Objectクラスの通知（参照：11.3 通知ハンドラ - Objectクラス）を利用することをおすすめします。

> 【サンプル】
> サンプル/11-06_キー値監視（KVO）/RealmKVO.xcodeproj

モデルオブジェクト

モデルオブジェクトには、Realmに保存したマネージドと保存前のアンマネージドの2種類の状態が存在します（参照 7.3：アンマネージドオブジェクト／マネージドオブジェクト）。これらはキー値監視の挙動が異なります。

■アンマネージドのモデルオブジェクト

アンマネージドのモデルオブジェクトに対してのキー値監視は通常のSwiftオブジェクトと同様の動作となります。制限としては、キー値監視の対象となっている間はrealm.add()などでRealmに保存できず例外が発生します。

■マネージドのモデルオブジェクト

マネージドのモデルオブジェクトに対するキー値監視は少し異なる動作をし、プロパティの変わるタイミングが3種類あります。

- プロパティに値を直接代入したとき
- 別のスレッドがトランザクションをコミットして自動的にRealmが更新されたとき、またはrealm.refresh()を呼び出したとき
- 別のスレッドから変更があったがその前にrealm.beginWrite()を呼び出してトランザクションを開始したために変更が通知されなかったとき

直接代入する以外の2つのケースではすべての異なるスレッドから行われた変更は、一度に適用されるため、KVOの通知は1回にまとめられます。例えば途中の変更の状態は破棄されるので、1から10まで1つずつ数を増加させるプロパティがあった場合、10に変化したときの通知を1回受け取ることになります。

プロパティ値は、書き込みトランザクション外でも変更が行われる可能性があるため、observeValue(forKeyPath:of:change:context:)メソッドの中でマネージドのモデルオブジェクトを変更することは推奨されません。

Listプロパティ

一般のプロパティと異なり、ListプロパティはKVOの監視対象とするためにdynamicとして定義する必要はありません。

NSMutableArrayのプロパティとは異なり、プロパティに対する変更を監視するにはmutableArrayValue(forKey:)を使う必要はありません（互換性のために内部では同様に動作するようになっています）。

11.7 プロパティオブザーバ

　Swiftにはプロパティの値の変更を監視できるプロパティオブザーバ（willSet/didSet）があります。アンマネージドのモデルオブジェクトは通常どおり動作するのですが、**マネージドのモデルオブジェクトではプロパティオブザーバは動作しなくなります。**

　マネージドのモデルオブジェクトでもプロパティオブザーバを受け取りたい場合は、Realmに保存するプロパティをprivateにし、Realmに保存しないプロパティを介してprivateなRealmに保存するプロパティを更新することで、擬似的にwillSet/didSetのタイミングを確保することができます（リスト11.7、リスト11.8）。

> 💡 **【サンプル】**
> サンプル/11-07_プロパティオブザーバ/RealmPropertyObservers.xcodeproj

○リスト11.7：モデル定義（サンプル/11-07_プロパティオブザーバ/RealmPropertyObservers.xcodeprojから抜粋）

```swift
public class DemoObject : Object {
    // privateで外部からアクセスできないようにする
    private dynamic var _value = 0 {
        willSet {
            // マネージドオブジェクトでは呼ばれません。
            print("[プロパティオブザーバ] willSet: \(newValue)")
        }
        didSet {
            // マネージドオブジェクトでは呼ばれません。
            print("[プロパティオブザーバ] didSet: \(_value)")
        }
    }

    /*
    外部からアクセスするためのコンピューテッドプロパティ

    valueプロパティをignoredProperties()に指定して、Realmに保存しないプロパティする。

    内部のRealmに保存するプロパティ(_value)を更新する前後で擬似的にwillSet/didSetの
    タイミングを確保できる。
    */
    public var value: Int {
        get {
            return _value
        }
        set {
            // willSetで行いたいことをここに実装します。
            print("[手動] willSet: \(newValue)")

            _value = newValue

            // didSetで行いたいことをここに実装します。
            print("[手動] didSet: \(_value)")
        }
    }

    override public static func ignoredProperties() -> [String] {
```

（次ページにつづく）

（前ページのつづき）

```
        return ["value"]
    }
}
```

○リスト11.8：プロパティオブザーバ（サンプル/11-07_プロパティオブザーバ/
RealmPropertyObservers.xcodeproj）から抜粋

```
let realm = try! Realm()
let object = DemoObject()

// アンマネージドのモデルオブジェクトの更新
//［手動］と［プロパティオブザーバ］のwillSet/didSetが呼ばれることが確認できます。
object.value = 1

try! realm.write {
    realm.add(object) // モデルオブジェクトの追加
}

// マネージドのモデルオブジェクトの更新
// ［手動］のwillSet/didSetのみが呼ばれることが確認できます。
try! realm.write {
    object.value = 2
}
```

Realmの設定

本章で「メモリのみでの動作」や「暗号化」などRealmの各種設定方法を説明します。

12.1 Realmの設定方法（Realm.Configuration構造体）

Realmの設定にはRealm.Configuration構造体が用意されています。カスタマイズした設定をRealm.init(configuration:)で初期化することでRealmオブジェクトが取得できます（リスト12.1）。

12.2 Realmの各種設定

Realmファイルの保存先

Realmファイルを保存する場所は、fileURLプロパティで設定します。デフォルト値はDocuments/default.realmで、ドキュメントディレクトリにdefault.realmというファイルが作られます。保存するディレクトリはドキュメントディレクトリのままで、Realmファイル名だけ変更したい場合はリスト12.2のようにします。

メモリのみでの動作

データベースのデータをストレージ上のRealmファイルに保存せず、メモリ上のみで保

○リスト12.1：Realmの設定

```
// Configurationを生成
let config = Realm.Configuration()

/* configに設定を追加する */

// カスタムしたConfigurationでRealmを生成
let realm = try! Realm(configuration: config)
```

○リスト12.2：ドキュメントディレクトリのままで、Realmファイル名だけ変更（例）

```
var config = Realm.Configuration()
config.fileURL = config.fileURL!
    .deletingLastPathComponent() // 末尾のパスを削除(default.realm部分)
    .appendingPathComponent("other.realm") // 末尾のパスにother.realmを追加

let realm = try! Realm(configuration: config)
print(realm.configuration.fileURL!) // /Documents/other.realm
```

持し動作させるには、inMemoryIdentifierプロパティに文字列を設定します（**リスト12.3**）。デフォルト値はnilです。メリットは、ストレージへの読み書きがないため、ほとんどのケースでストレージに保存するRealmより高速に動作します。

メモリのみの動作でもRealmのデータベース機能であるクエリ、自動更新、モデルオブジェクトの関連、異なるスレッド間のデータベースへの安全なアクセスなどは利用可能です。

> ⚠️ メモリのみで動作するRealmインスタンスは必ず強参照する必要があります。メモリのみで動作するRealmインスタンスへの強参照がすべてなくなると、そのRealmが保持しているすべてのデータが解放されることに注意してください。

inMemoryIdentifierプロパティとfileURLプロパティは同時に有効になることはありません。inMemoryIdentifierプロパティをセットしたらfileURLプロパティはnilになり、fileURLプロパティをセットしたらinMemoryIdentifierプロパティがnilになります。

メモリのみで動作するRealmは、一切ファイルの読み書きがないわけではなく、プロセス間通信などに利用するため、一時ディレクトリ（tmp/）にinMemoryIdentifierに設定した文字列をファイル名にしたRealmファイル（.realm）と関連ファイル（参照 17.1：Realmファイルを削除する－補助的に作成されるRealmの関連ファイル）が作成されます。ただしメモリ不足によりOSがスワップを要求したとき以外は、何のデータも書き込まれません。

読み取り専用

Realmを読み取り専用にする場合は、readOnlyプロパティをtrueにします。デフォルト値はfalseです。

例えばテンプレートなどデフォルトデータが保存してあるRealmファイルなど、改変したくないデータが保存してあるRealmに対して有効な設定です（参照 17.4：初期データの入っ

◯**リスト12.3：メモリのみでの動作（例）**

```swift
class ViewController: UIViewController {
    let memoryRealm: Realm // 強参照するための変数
    let inMemoryIdentifier = "任意の識別子"

    required init?(coder aDecoder: NSCoder) {
        let config = Realm.Configuration(
                        inMemoryIdentifier: inMemoryIdentifier)

        /*
         ViewControllerがメモリのみで動作するRealmの強参照を保持します。
         これでViewControllerインスタンスが解放されるまで、
         memoryRealmは有効になります。
         */
        memoryRealm = try! Realm(configuration: config)

        super.init(coder: aDecoder)
    }
}
```

たRealmファイルをアプリに組む込む – 初期データの入ったRealmファイルを利用する）。読み取り専用のRealmは、beginWrite()で書き込みトランザクションを開始しようとした時点で例外が発生します。

モデルクラスのサブセット

　Realmが使用するモデルクラスを明示的に指定する場合は、objectTypesプロパティを使用します。デフォルト値はnilで、ソース内にあるすべてのモデルクラスが使用されることになります。

　複数のRealmを使用するときにモデルクラスのサブセットを指定することをおすすめします。例えば、1つのアプリ内でTwitterとFacebookのデータをRealmに保存する場合、モデルクラスのサブセットを指定していないと、TwitterのRealmにFacebookのモデルが保存できてしまいます（その逆も）。またマイグレーションも、Twitterのモデル定義を変更すると、関係ないFacebookのRealmもマイグレーション処理（スキーマバージョンを上げる）が必要となってしまいます。モデルクラスのサブセットを適切に指定することでこれらを防ぐことができます（**リスト12.4**、**リスト12.5**）。

暗号化

　Realmファイルは簡単に暗号化できます。encryptionKeyプロパティに64バイトの暗号化キーを指定することで、AES-256で暗号化され、SHA-2 HMACで検証（改ざん検知）が行われるようになります（**リスト12.6**）。暗号化したRealmファイルには、正しい暗号化キーがないとアクセスできなくなります。デフォルト値はnilで暗号化はされません。

○リスト12.4：モデル定義

```
/* Twitter */
class Tweet: Object {
    dynamic var id = 0
    dynamic var text = ""
    dynamic var user: TwitterUser?
}

class TwitterUser: Object {
    dynamic var id = 0
    dynamic var name = ""
}

/* Facebook */
class Feed: Object {
    dynamic var id = ""
    dynamic var message = ""
    dynamic var user: FacebookUser?
}

class FacebookUser: Object {
    dynamic var id = 0
    dynamic var name = ""
}
```

第12章：Realmの設定

○リスト12.5：モデルクラスのサブセット（例）

```
// TwitterのConfigurationを生成
var twitterConfig = Realm.Configuration()
// RealmファイルはDocuments/twitter.realmに保存
twitterConfig.fileURL = twitterConfig.fileURL!
    .deletingLastPathComponent() // 末尾のパスを削除(default.realm部分)
    .appendingPathComponent("twitter.realm") // 末尾のパスにtwitter.realmを追加
// Twitterで使用するモデル定義のみを指定
twitterConfig.objectTypes = [Tweet.self,
                             TwitterUser.self]

// FacebookのConfigurationを生成
var facebookConfig = Realm.Configuration()
// RealmファイルはDocuments/facebook.realm に保存
facebookConfig.fileURL = facebookConfig.fileURL!
    .deletingLastPathComponent() // 末尾のパスを削除(default.realm部分)
    .appendingPathComponent("facebook.realm") // 末尾のパスにfacebook.realmを追加
// Facebookで使用するモデル定義のみを指定
facebookConfig.objectTypes = [Feed.self,
                              FacebookUser.self]

// TwitterのRealmを生成
let twitterRealm = try! Realm(configuration: twitterConfig)

// TwitterのRealmにTwitterのモデルオブジェクトを追加
try! twitterRealm.write {
    let tweet = Tweet()
    twitterRealm.add(tweet) // OK
}

// FacebookのRealmを生成
let facebookRealm = try! Realm(configuration: facebookConfig)

// FacebookのRealmにTwitterのモデルオブジェクトを追加
try! facebookRealm.write {
    let tweet = Tweet()
    // TwitterのモデルオブジェクトはFacebookのRealmには追加できない
    facebookRealm.add(tweet)  // ×例外が発生
}
```

○リスト12.6：設定方法

```
// 暗号キーは64バイトの文字列を使用します。
let keyString =
    "1234567890123456789012345678901234567890123456789012345678901234"

// 暗号キーの文字列をData型に変換する。
let key = keyString.data(using: .utf8)!

// Configurationを生成
let config = Realm.Configuration(encryptionKey: key)

// Realmを生成
let realm = try! Realm(configuration: config)
```

○リスト12.7：Data型を16進文字列に変換する

```
let key = Realm.Configuration.defaultConfiguration.encryptionKey!
let hexaDecimal = key.map { String(format: "%.2hhx", $0) }.joined()
```

　暗号化したRealmを使う場合は、わずかにパフォーマンスが下がります（10%未満）。また、暗号化したRealmファイルをRealmブラウザで開くには、暗号化キーを128文字の16進文字列にしたものが必要となります。リスト12.7はData型を16進文字列に変換するための一例です。

　暗号化キーをアプリ内で安全に管理する方法については、18.4：暗号化キーの生成と安全な管理方法を参照してください。Realmを暗号化した場合は、AppStoreへの審査で申告が必要となります。詳しくは、18.5：暗号化を利用した場合のAppStoreへの審査についてを参照してください。

> 【サンプル】
> サンプル/12-02_Realmの各種設定_暗号化/RealmEncyrption.xcodeproj

スキーマバージョン

　schemaVersionプロパティはマイグレーションで必要なスキーマバージョンです（参照 第13章：マイグレーション）。

マイグレーションハンドラ

　migrationBlockプロパティはマイグレーション処理を記述するクロージャです（参照 第13章：マイグレーション）。

マイグレーション時に古いRealmファイル削除

　deleteRealmIfMigrationNeededプロパティでマイグレーション時に古いRealmファイルを削除します（参照 第13章：マイグレーション）。

Realm Object Serverの設定

　syncConfigurationプロパティはRealm Object Serverの設定になります（参照 16.2：Realm Object Server）。

12.3 デフォルトRealmの設定変更

デフォルトRealmのConfigurationを変更したい場合は、カスタムしたConfigurationをRealm.Configuration.defaultConfigurationに設定します。

実は、Realm()の内部では、Realm(configuration: Realm.Configuration.defaultConfiguration)を実行しています。つまり、Realm.Configuration.defaultConfigurationの値を切り替えるだけで、デフォルトRealmの設定を切り替えられます（リスト12.8）。

○リスト12.8：デフォルトRealmの設定変更

```
// ファイルパス：tmp/other.realm
let filePath = NSTemporaryDirectory() + "other.realm"
let fileURL = URL(fileURLWithPath: filePath)

// fileURLを変更したConfigurationを生成
let customConfig = Realm.Configuration(fileURL: fileURL)
// デフォルトConfigurationを取得
let defaultConfig = Realm.Configuration.defaultConfiguration

// デフォルトConfigurationのRealmが取得できます。
var realm = try! Realm()
print(realm.configuration.fileURL!) // /Documents/default.realm

// カスタムしたConfigurationを設定します。
Realm.Configuration.defaultConfiguration = customConfig
// カスタムしたConfigurationのRealmが取得できます。
realm = try! Realm()
print(realm.configuration.fileURL!) // /tmp/other.realm

// デフォルトConfigurationに戻します。
Realm.Configuration.defaultConfiguration = defaultConfig
// デフォルトConfigurationのRealmが取得できます。
realm = try! Realm()
print(realm.configuration.fileURL!) // /Documents/default.realm
```

Part2:基礎編

マイグレーション

アプリをバージョンアップするとモデル定義が変更されることがあります。本章では、マイグレーションの設定方法やマイグレーションせずに移行する方法について説明します。

13.1 マイグレーションとは

　マイグレーションとは一般的なデータベースの用語で、モデル定義を変更したときに、**保存されているデータを新しいモデル定義の仕様に移行する処理**のことです。

　Realmのモデル定義を変更した場合には、古いモデル定義のRealmファイルを新しいモデル定義のRealmファイルへマイグレーションする必要があります。

　例えばリスト13.1とリスト13.2のモデル定義があるとします。

　リスト13.1にはfirstNameとlastNameプロパティがあります。リスト13.2ではそれらを削除して新しくfullNameプロパティを定義しています。バージョン0のときに保存していたデータにはfirstNameとlastNameが存在しますが、fullNameが存在しないためデータの不整合が生じます。

　ここで必要となるマイグレーション（データの移行処理）はfirstNameとlastNameを元にfullNameを生成するという処理です。Realmインスタンスの初回生成時に、すでに存在するRealmファイルのモデル定義と、これから生成するRealmのモデル定義が一致するかの検証が行われます。この検証時にお互いのモデル定義が一致しない場合に、マイグレーションを行う必要が出てきます。モデル定義が不一致かつマイグレーションが行われない場合はNSErrorがスローされます。

> 💡 【サンプル】
> サンプル/13-01_マイグレーション/RealmMigration.xcodeproj

○リスト13.1：バージョン0（初回）のモデル定義

```
class Person: Object {
  dynamic var firstName = ""
  dynamic var lastName = ""
}
```

○リスト13.2：バージョン1のモデル定義

```
class Person: Object {
  dynamic var fullName = ""
}
```

> 📖 Realmのマイグレーションには2種類あり、スキーマのマイグレーションとファイルフォーマットのマイグレーションが存在します。スキーマとはデータベースのモデル定義などのデータベースの構造で、本章で扱っているマイグレーションはスキーマのマイグレーションを指しています。これはアプリ開発者の責任でマイグレーション処理を記述する必要があります。
> 　ファイルフォーマットのマイグレーションは、Realmのバージョンアップによってファイルフォーマットが変更された場合に行う必要があるマイグレーションです。このマイグレーションはRealmの内部実装で自動に行われる処理ですので、開発者が実装を意識する必要はありません。

13.2 マイグレーションを設定する

　マイグレーションは、Realm.Configuration構造体に設定します（参照 第12章：Realmの設定）。実際のデータの移行処理はmigrationBlockに、モデル定義の変更を管理するために使用する内部バージョンであるスキーマバージョンはschemaVersionに設定します（リスト13.3）。

　Realmファイルにはスキーマバージョンが保存されており、それよりも設定値が大きければmigrationBlock内の処理が実行されます。これをうまく利用して、モデル定義は変更していないけど、データベース内のデータに変更を加えたいというときにもマイグレーションは活用できます。

　モデル定義が変更されているのにもかかわらず設定値がRealmファイルに保存されているスキーマバージョン以下だと、初回のRealmインスタンスの生成時にNSErrorがスローされます。

○リスト13.3：マイグレーションを設定する（例）

```
// Configurationを生成
var config = Realm.Configuration()

// マイグレーションハンドラを設定
config.migrationBlock = { (migration, oldSchemaVersion) in
    /* マイグレーション処理 */
}

// スキーマバージョンを設定
config.schemaVersion = 1

// Realmを取得する。
// Realmインスタンスを生成する過程の中で、今あるRealmファイルの
// スキーマバージョンよりconfig.schemaVersionが大きい数値なら
// マイグレーションハンドラが呼び出されます。
let realm = try! Realm(configuration: config)
```

13.3 マイグレーションクラス（Migrationクラス）

Realm.Configurationに設定するmigrationBlockは引数にMigrationクラスのインスタンスが渡されます。マイグレーション処理では、このMigrationクラスを使用してデータベースに対する変更を行っていきます。

モデルオブジェクトを取得する

マイグレーション処理中にモデルオブジェクトを取得するには、MigrationクラスのenumerateObjects(ofType:_:)を使用します。

【宣言】Migrationクラス

```
public func enumerateObjects(ofType typeName: String,
                             _ block: MigrationObjectEnumerateBlock)
public typealias MigrationObjectEnumerateBlock =
                             (_ oldObject: MigrationObject?,
                              _ newObject: MigrationObject?) -> Void
public typealias MigrationObject = DynamicObject
public final class DynamicObject: Object
```

データベース内にあるすべてのtypeNameのモデルオブジェクトが、blockのクロージャで列挙されます（リスト13.4）。blockは古いモデルオブジェクトと新しいモデルオブジェクトの両方を提供しています。列挙されるMigrationObjectクラスはObjectのサブクラスで、typeNameで指定したモデルオブジェクトの値を持っています。値には添え字（KVC）を使ってアクセスできます。

> ! 通常モデルオブジェクトを取得するにはRealmクラスを使用しますが、マイグレーション内ではRealmインスタンスを取得できません。マイグレーションハンドラ内でRealmを取得しようとするとデッドロックが発生して処理が停止してしまいます。そのためマイグレーション処理内でクエリを使用してモデルオブジェクトを取得することはサポートされていません。

○リスト13.4：モデルオブジェクトを取得する（例）

```
config.migrationBlock = { (migration, oldSchemaVersion) in
    // データベース内にあるすべてのPersonモデルを列挙
    migration.enumerateObjects(ofType: Person.className(), { (oldObject, newObject) in
        // 古いオブジェクトからfirstNameを取得
        let firstName = oldObject!["firstName"] as! String
        // 古いオブジェクトからlastNameを取得
        let lastName = oldObject!["lastName"] as! String
        // 新しいオブジェクトのfullNameに新しい値を設定
        newObject?["fullName"] = "\(firstName) \(lastName)"
    })
}
```

モデルオブジェクトを追加する

マイグレーション処理中にモデルオブジェクトを追加するには、Migrationクラスのcreate(_:value:)を使用します。

【宣言】Migrationクラス

```
public func create(_ typeName: String,
                   value: Any = [:]) -> MigrationObject
```

typeNameのモデルオブジェクトを生成してvalueで初期化し、データベースに追加します（**リスト13.5**）。戻り値は生成したモデルオブジェクトですが、型はtypeNameのモデルオブジェクトではなく、MigrationObjectであることに注意してください。

Realmクラスのcreate(_:value:update:)に似ていますが、大きく違う点はプライマリキーがあるオブジェクトの上書き更新（update）がない点です。マイグレーション処理では、プライマリキーがあるモデルオブジェクトを新たに生成したモデルオブジェクトで上書き更新はできません。すでにデータベース内にあるプライマリキーがあるモデルオブジェクトを更新したい場合は、enumerateObjects(ofType:_:)で値を更新してください。

○リスト13.5：モデルオブジェクトを追加する（例）

```
config.migrationBlock = { (migration, oldSchemaVersion) in
    // 新しいPersonオブジェクトを追加
    migration.create(Person.className(),
                     value: ["fullName": "Tomonori Kawata",
                             "age": 32])
}
```

モデルオブジェクトを削除する

マイグレーション処理中にモデルオブジェクトを削除するには、Migrationクラスのdelete(_:)を使用します。

【宣言】Migrationクラス

```
public func delete(_ object: MigrationObject)
```

objectにはMigrationObjectクラスのオブジェクトを渡します（**リスト13.6**）。そのためdelete(_:)はenumerateObjects(ofType:_:)のクロージャ内で呼び出し、newObjectを渡します。oldObjectを渡すと**例外**が発生します。

○リスト13.6：モデルオブジェクトを削除する（例）

```
config.migrationBlock = { (migration, oldSchemaVersion) in
    // データベース内にあるすべてのPersonモデルを列挙
    migration.enumerateObjects(ofType: Person.className(),
                                        { (oldObject, newObject) in
        // 年齢を30超えるオブジェクトを削除
        if let yearsSinceBirth = oldObject?["yearsSinceBirth"] as? Int,
            yearsSinceBirth > 30,
            let newObject = newObject
        {
            migration.delete(newObject) // newObjectのみ渡せます
        }
    })
}
```

特定のモデルオブジェクトをすべて削除する

　マイグレーション処理中に特定のモデルオブジェクトをすべて削除するには、Migrationクラスの deleteData(forType:) を使用します。

【宣言】Migrationクラス

```
public func deleteData(forType typeName: String) -> Bool
```

　typeNameのモデルオブジェクトがすべて削除されます（**リスト13.7**）。typeNameのモデルオブジェクトのモデルクラスがすでにコード上に存在しない場合は、Realmファイルからモデルクラスのメタデータも削除されます。

プロパティ名を変更する

　マイグレーション処理でプロパティ名を変更するには、Migrationクラスの renameProperty(onType:from:to:) を使用します。

【宣言】Migrationクラス

```
public func renameProperty(onType typeName: String,
                           from oldName: String,
                           to newName: String)
```

　typeNameのモデルオブジェクトのoldNameプロパティがnewNameプロパティに変更されます（**リスト13.8**）。typeNameのモデルオブジェクトクラスは新旧両方のモデル定義に存在する必要があります。oldNameのプロパティ名は新しいモデル定義に、newNameのプロパティ名は古いモデル定義に存在してはいけません。プロパティ名を変更した場合は、値や関連をコピーしてマイグレーションするよりも、renameProperty(onType:from:to:) を使用したほうが効率的に動作します。変更後のプロパティが変更前と異なるNULL可／不可属性、インデックスの設定を持つ場合は、名前の変更の際に適用されます。

○リスト13.7：特定のモデルオブジェクトをすべて削除する（例）

```
config.migrationBlock = { (migration, oldSchemaVersion) in
    // データベース内にあるPersonモデルをすべて削除
    migration.deleteData(forType: Person.className())
}
```

○リスト13.8：プロパティ名を変更する（例）

```
config.migrationBlock = { (migration, oldSchemaVersion) in
    // Personモデルのプロパティ名で、yearsSinceBirthをageに変更
    migration.renameProperty(onType: Person.className(),
                              from: "yearsSinceBirth",
                                to: "age")
}
```

13.4 マイグレーション処理

まずは単純なマイグレーションの例を紹介します。モデル定義をリスト13.9からリスト13.10に変更したとします。リスト13.10では、スキーマバージョン0のfirstNameとlastNameプロパティがなくなり、fullNameが新しく定義されています。firstNameとlastNameからfullNameを作成するマイグレーションを実装してみます（リスト13.11）。

○リスト13.9：スキーマバージョン0（初回）のモデル定義

```
class Person: Object {
    dynamic var firstName = ""
    dynamic var lastName = ""
    dynamic var yearsSinceBirth = 0
}
```

○リスト13.10：スキーマバージョン1のモデル定義

```
class Person: Object {
    dynamic var fullName = ""
    dynamic var yearsSinceBirth = 0
}
```

○リスト13.11：マイグレーションの実装（例）

```
// Configurationを生成
var config = Realm.Configuration()

// マイグレーションハンドラを追加
config.migrationBlock = { (migration, oldSchemaVersion) in
    // マイグレーション処理開始
    // 古いRealmファイルのスキーマバージョンが0の場合は実行
    if oldSchemaVersion < 1 {
        // データベース内にあるすべてのPersonモデルを列挙
        migration.enumerateObjects(ofType: Person.className(), { (oldObject, newObject) in
            // 古いオブジェクトからfirstNameを取得
            let firstName = oldObject!["firstName"] as! String
```

（次ページにつづく）

(前ページのつづき)

```
                // 古いオブジェクトからlastNameを取得
                let lastName = oldObject!["lastName"] as! String
                // 新しいオブジェクトのfullNameに新しい値を設定
                newObject?["fullName"] = "\(firstName) \(lastName)"
            })
        }
    // マイグレーション処理完了
}
// スキーマバージョンを設定。デフォルト値は0です。
config.schemaVersion = 1

// 初回のRealmインスタンスの生成で、現在あるRealmファイルのスキーマバージョンと
// 今回設定したスキーマバージョンが異なれば、マイグレーションが実行されます。
// マイグレーション処理終了後にRealmインスタンスが返されます。
let realm = try! Realm(configuration: config)
```

13.5 何もしないマイグレーション処理

　モデル定義を変更してもマイグレーション処理は何もしないというケースもあります。リスト13.12は、リスト13.10からemailプロパティを追加したモデル定義です。

　emailはマイグレーション時に決定できる値ではないので、デフォルト値の空文字のままで問題ありません。その場合はリスト13.13のようなマイグレーション処理になります。

　注意点として、マイグレーション処理自体は何もしませんが、モデル定義は変更しているので**スキーマバージョンは必ず上げる必要があります**。モデル定義が変更されているのにもかかわらず設定値がRealmファイルに保存されているスキーマバージョン以下だと、初回のRealmインスタンスの生成時にNSErrorがスローされます。

○リスト13.12：スキーマバージョン2のモデル定義

```
class Person: Object {
    dynamic var fullName = ""
    dynamic var yearsSinceBirth = 0
    dynamic var email = ""
}
```

○リスト13.13：何もしないマイグレーションの実装（例）

```
// Configurationを生成
var config = Realm.Configuration()

// マイグレーションハンドラを追加
config.migrationBlock = { (migration, oldSchemaVersion) in
    // マイグレーション処理開始
    // 古いRealmファイルのスキーマバージョンが0の場合は実行
    if oldSchemaVersion < 1 {
        // データベース内にあるすべてのPersonモデルを列挙
        migration.enumerateObjects(ofType: Person.className(), { (oldObject, newObject) in
            // 古いオブジェクトからfirstNameを取得
            let firstName = oldObject!["firstName"] as! String
            // 古いオブジェクトからlastNameを取得
            let lastName = oldObject!["lastName"] as! String
```

（次ページにつづく）

（前ページのつづき）

```
                // 新しいオブジェクトのfullNameに新しい値を設定
                newObject?["fullName"] = "\(firstName) \(lastName)"
            })
        }
        if oldSchemaVersion < 2 { // 何もしないのでこのif文自体書かなくていい
            /* 何もしないマイグレーション */
        }
        // マイグレーション処理完了
}
// スキーマバージョンは2に設定します。
config.schemaVersion = 2

// 初回のRealmインスタンスの生成で、現在あるRealmファイルのスキーマバージョンと
// 今回設定したスキーマバージョンが異なれば、マイグレーションが実行されます。
// マイグレーション処理終了後にRealmインスタンスが返されます。
let realm = try! Realm(configuration: config)
```

13.6 複数世代のマイグレーション

　マイグレーションは、ユーザがアプリをアップデートする頻度次第で複数のマイグレーションが一度に実行される場合もあります。

　例えば、アプリがバージョンアップするたびに必ずアップデートするユーザは、マイグレーションもスキーマバージョン0から1へ、1から2へと順々に実行されることになります。滅多にアプリをアップデートしないユーザだと、久しぶりにアプリをバージョンアップして、スキーマバージョン0から一気に2への変化が起きる可能性があります。

　こういったスキーマバージョンが飛ぶマイグレーションに対応するために、リスト13.13のようにすべてのマイグレーション処理はネストせず、スキーマバージョンの比較も「==」ではなく「<」で行い、古いマイグレーションから順次実行されるように記述するケースが多いです。

13.7 マイグレーション処理を行わずに古いRealmファイルを削除

　モデル定義を一新したなどが理由で、古いRealmファイルからデータを移行しなくてもいいというケースがあります。その場合は、Realm.ConfigurationクラスのdeleteRealmIfMigrationNeededをtrueにすることで、もしもマイグレーションが必要ならばRealmファイルを削除し、そして新しくRealmファイルを作り直す、という処理が行われます。その場合は、Realm.Configurationに設定したmigrationBlockは呼ばれません。

　deleteRealmIfMigrationNeededをtrueにしてRealmファイルが再作成されるかは、Realmファイルのスキーマと現在のスキーマが異なる場合または、Realmファイルのスキーマバージョンより設定値のスキーマバージョンが大きい場合です。

第14章 その他のクラス／プロトコル

本章では、コレクションプロトコルと型消去されたラッパークラスを取り上げます。

14.1 コレクションプロトコル（RealmCollection）

　Realmのコレクションクラスは RealmCollection プロトコルに準拠しています。Realm Collection プロトコルは Swift の Collection プロトコルを継承しているため、オブジェクトの取得、for 文による列挙など Swift の配列クラスと同等の操作が可能です。加えてデータベースを直接操作できるように、クエリや並び替え、集計関数が宣言されています。

　RealmCollectionType プロトコルを用いて、Realm のコレクションクラスをジェネリクスで抽象的に扱うことも可能です（リスト 14.1）。

○リスト 14.1：Realm のコレクションクラスをジェネリクスで抽象的に扱う

```
func operateOn<C: RealmCollection>(collection: C) {
    // ResultsまたはListのどちらでも渡すことができます
    print("operating on collection containing \(collection.count) objects")
}
```

14.2 型消去されたラッパークラス（AnyRealmCollection）

　AnyRealmCollection クラスは、Results や List など具象型のコレクションクラスに操作を移譲する型消去されたラッパークラスです。

　Swift では associatedtype を持つプロトコルは具象型として扱えないため、Realm のコレクションクラスをプロパティや変数として保持するために AnyRealmCollection が用意されています（リスト 14.2）。

○リスト 14.2：型消去されたラッパークラス

```
class Controller {
    // 初期化のcollection引数を保持するためにAnyRealmCollectionクラスを使用する
    let collection: AnyRealmCollection<Person>

    // collectionにはResultsまたはListのどちらでも渡すことができます
    init<C: RealmCollection>(collection: C) where C.Element == Person {
        self.collection = AnyRealmCollection(collection)
    }
}
```

デバッグ

都度インスタンスの状態を調べるためにprint関数を使用してログを出力できますが、それとは別にLLDBデバッガを使用したログの出力方法もあります。

15.1 Xcodeでデバッグする方法

Xcodeのブレークポイントで停止中に、その時点でのインスタンスの状態にアクセスしログを出力できるpo（print object）コマンドを使用します（図15.1）。

> ⚠ Realmの変数を調べる他のLLDBスクリプトをインストールしていたとしても、Swiftの場合これは正しく機能せず実際と異なるデータが表示されます。必ずpoコマンドを使用してください。

○図15.1：Xcodeでデバッグする方法

1. デバッグコンソール
2. ブレークポイント
3. cat1インスタンス
4. "po cat1"を入力してエンターキーを押す
5. ブレークポイント時点でのcatインスタンスの状態が出力される
   （print(cat)の内容と同等）

第16章 制限事項

Realmは、柔軟性とパフォーマンスのバランスをうまく保つため、いくつかの制限事項があります。

16.1 一般的な制限事項

Realmでの一般的な制限事項は次のとおりです。

- クラス名の上限は57文字
- プロパティ名の上限は63文字
- String、Dataのプロパティは、16MB以上のデータを保存できない
  それ以上のデータを保存するには、16MB以下の複数のデータにに分割するか、ファイルとして保存し、Realmにはファイルパスを記録します。16MB以上のデータを保存しようとすると、実行時に例外が投げられます。
- 各Realmファイルのサイズは、アプリケーションごとにに割り当てられるメモリサイズを超えてはいけない
  割り当てられるメモリサイズはデバイスごとに異なり、実行時のメモリの断片化にも依存します。それ以上のデータを保存される場合は、Realmファイルを複数に分割してください。
- 文字列による検索結果の並べ替え、および大文字小文字を無視する検索条件は、「基本ラテン文字」「ラテン1補助」「ラテン文字拡張A」「ラテン文字拡張B」においてのみ動作する（Unicodeのコードポイントの範囲は、0-591）

マルチスレッド

Realmファイルは複数のスレッドから同時にアクセスできますが、Realmインスタンスや Object、Resultsなどのマネージドオブジェクトのインスタンスはスレッドをまたいで共有することができません（参照 10.2：異なるスレッド間でのオブジェクトの制約）。

異なるスレッド間でマネージドオブジェクトのインスタンスを共有することはできないのですが、ThreadSafeReferenceクラスを用いてオブジェクトを受け渡す方法は用意されています（参照 17.7：異なるスレッド間でオブジェクトを受け渡す）。

モデルクラスのsetterおよびgetterメソッドはオーバーライドできない

Realmは、データベースのプロパティとデータベースの操作を連動させて、遅延ロードや高速な性能を実現するために、モデルクラスのsetterおよびgetterをオーバーライドしています。そのため、Realmモデルクラスではプロパティのsetterおよびgetterメソッドをオー

バーライドできません。

　簡単な解決方法は保存しないプロパティとして宣言することです。保存しないプロパティのsetterおよびgetterメソッドは自由にオーバーライドが可能です。

オートインクリメント機能はサポートしていません

　Realmは他の一般的なデータベースにあるようなスレッドセーフまたはプロセスセーフなオートインクリメントからプライマリキーを生成する機能はありません。しかし、たいていの場合は、自動生成されるユニークキーが連番であることや連続していること、数値であることが必須要件であることはなく、ユニークな文字列をプライマリキーとすることでこと足ります。よくあるパターンはデフォルト値として NSUUID().uuidStringを使い、ユニークな文字列を生成します（リスト16.1）。

　オートインクリメントが求められるケースとしては、挿入順を保持しておきたいという場合があります。このようなときは、オブジェクトの保持にListを使用する方法（リスト16.2）や、createdAtのようなプロパティをモデルに追加し、デフォルト値としてDate()を使用し、createdAtでソートする方法が考えられます（リスト16.3）。

○リスト16.1：ユニークな文字列を生成する（例）

```
class DemoObject: Object {
    dynamic var id = NSUUID().uuidString
}
```

○リスト16.2：挿入順に記録する（例 その1）

```
class DemoList: Object {
    // 順列を維持したいDemoObjectをListで持つ
    let objects = List<DemoObject>()
}
```

○リスト16.3：挿入順に記録する（例 その2）

```
class DemoObject: Object {
    dynamic var createdAt = Date()
}
```

Objective-CからList型およびRealmOptional型のプロパティにアクセスできない

　回避策として、RealmSwiftのモデルをObjective-Cから使用する場合はList型とRealmOptional型のプロパティに対して、@nonobjcアノテーションを指定する必要があります。これは、ジェネリクスを使っているプロパティがあると、コンパイルできないObjective-Cヘッダ(-Swift.h)が自動生成されてしまうというSwiftの不具合によります。

モデルクラスにカスタム定義のイニシャライザを追加する

モデルクラスをObjectのサブクラスとして定義する際に、カスタムのイニシャライザを定義したくなることがあるでしょう。

Swiftのイントロスペクション機能の制限により、カスタムイニシャライザは指定イニシャライザ（Designated Initializer）にできません。そのため、convenienceキーワードを使い、コンビニエンスイニシャライザ（Convenience Initializer）として指定する必要があります（リスト16.4）。

○リスト16.4：カスタム定義のイニシャライザを追加する（例）

```
class DemoObject: Object {
    dynamic var id = ""
    dynamic var name = ""

    convenience init(id: String, name: String) {
        self.init()
        self.id = id
        self.name = name
    }
}
```

tvOS

tvOSではDocumentsディレクトリへの書き込みは禁止されているので、tvOS用のフレームワークでは、デフォルトの保存先はNSCachesDirectoryに変わっています。ただし、キャッシュディレクトリ内のファイルは常にシステムによって削除される可能性があるので注意してください。そのため、tvOSにおけるRealmの利用は、復元可能なデータのキャッシュなどに利用し、消えては困る重要な（再生成できない）ユーザデータなどを保存するのは避けてください。

エクステンション（例：Top Shelf）とtvOSアプリの間でデータを共有するためにApp Groupコンテナを利用する場合は、リスト16.5のようにコンテナURL内の/Library/Caches/ディレクトリを使用してください。それ以外のディレクトリではtvOSの制限により、Realmに必要なファイルを作成できません。

別の利用方法として、Realmファイルをコンテンツデータとしてアプリケーションにバンドルする使い方も便利です。tvOSアプリケーションのサイズはApp Storeガイドラインにて200MB以下と規定されているのでバンドルするデータの容量に注意してください。

○リスト16.5：App Groupコンテナを利用する（例）

```
let fileURL = NSFileManager()
    .containerURLForSecurityApplicationGroupIdentifier(
                    "group.io.realm.examples.extension")!
    .URLByAppendingPathComponent("Library/Caches/default.realm")
```

watchOS

Realmの暗号化APIは、watchOSでは利用できません。それは、暗号化の仕組みとして使用している「mach/mach.h」と「mach/exc.h」のAPIが＿WATCHOS_PROHIBITEDとなっているため、watchOSでは利用できないからです。これらがAppleによって改善されたら、watchOSでも暗号化が利用可能となります。

16.2 Realm Object Server

本書で扱っているクライアントサイドで取り扱うRealmの正式名称はRealm Mobile Databaseと言います。

それとは別にサーバサイドのRealmとして、Realm Object Serverというのもリリースされています。これはiPhoneなどのモバイル端末で保存しているRealmをサーバ側のRealmとリアルタイムに同期する機能を持っています。

Realm.ConfigurationにはsyncConfigurationプロパティがあり、これがRealm Object Serverに対する設定になっています。

サーバサイドのRealmとの連携は、syncConfigurationの設定と、サーバサイドとの初回の認証（SyncUserクラス）を行えば、あとは通常のRealmの操作をするだけで自動的にサーバサイドのRealmと同期を取ってくれます。サーバサイドのRealmを使用するには、Realm Mobile Platformという、クライアントサイドとサーバサイドのRealmを統合するサービスに登録する必要があります。プランは3種類で、無料で利用可能なDeveloper Editionと、有料プランのProfessional EditionとEnterprise Editionが用意されています（URL https://realm.io/pricing/）。

データベースをサーバと連携させることで、リアルタイムの共同編集や、チャットアプリなど、アプリ単体では実現が難しい機能も組み込むことが可能となり、アプリ開発の幅をさらに広げることができます。

活用編

本Partでは、実際にRealmを活用する際に「ああしたい」「こうしたい」と思う項目を説明しています。

第17章　［逆引き］Realmの取り扱い
第18章　［逆引き］Realmの注意事項

[逆引き] Realmの取り扱い

本章ではRealmファイルの削除から別ファイルへの保存など、具体的な実装方法を交えて説明します。

17.1 Realmファイルを削除する

データをすべて破棄したいなどの理由で、Realmファイルをストレージから削除したいというケースがあります。Realmファイルは普通のファイルと異なり、メモリにマッピングされているため、Realmファイルは Realmインスタンスが生存している間、有効でなければなりません。そのためRealmファイルを削除するには、削除対象のRealmファイルにアクセスしているRealmインスタンスの**強参照が1つもない状態**にしてから行う必要があります。ファイルの削除にはFileManagerのremoveItem(at:)を使用します。

Realmファイルを安全に削除する

Realmファイルを安全に削除するためには、Realmインスタンスの強参照が1つもない状態を作る必要があります。アプリ起動直後なら、一度もRealmインスタンスを生成せずRealmインスタンスの強参照がない状況が作りやすいです（**リスト17.1**）。

アプリ起動後、しばらく経ってからRealmファイルを削除したい場合は、どこがRealmインスタンスの強参照を持っているかを意識する必要があります。強参照をコントロールする手段としてautoreleasepool()を利用することで、関数を抜けた時点でスコープ内に保持していた参照を解放できます（**リスト17.2**）。

実際のアプリではObjectやResults、通知がRealmインスタンスへの強参照を持つことが考えられますので、リスト17.2のように単純にはいかないかと思われますが、autoreleasepool()などをうまく利用して参照をコントロールする必要があります。

○リスト17.1：アプリの起動プロセスがほぼ完了した後に呼ばれるUIApplicationDelegateのメソッド

```
func application(_ application: UIApplication,
                 didFinishLaunchingWithOptions launchOptions:
                     [UIApplicationLaunchOptionsKey: Any]?) -> Bool {
    do {
        let defaultURL = Realm.Configuration.defaultConfiguration.fileURL!
        // Realmファイルを削除
        try FileManager.default.removeItem(at: defaultURL)
    } catch {
        // 削除できない場合の対応
    }
    return true
}
```

○リスト17.2：autoreleasepool()の利用

```
autoreleasepool {
    let realm = try! Realm()
    /* さまざまな処理 */
}
/* autoreleasepoolによりこの時点で上記のlet realmで保持していたrealmへの
   参照はなくなる */

do {
    let defaultURL = Realm.Configuration.defaultConfiguration.fileURL!
    // Realmファイルを削除
    try FileManager.default.removeItem(at: defaultURL)
} catch {
    // 削除できない場合の対応
}
```

補助的に作成されるRealmの関連ファイル

Realmでは.realm拡張子を持つメインのRealmファイルとは別に、いくつかの内部的に使用する関連ファイルを自動的に作成します。

- .realm.lock
  Realmファイル開く際の競合を防ぐためのロックとして使われます。
- .realm.management
  Realmの管理で使用しているファイルをまとめているフォルダです。

これらのファイルは、Realmファイル（.realm）には何の影響も与えません。またこれらのファイルを実行中を除いて削除や移動することも問題ありません。厳密には必須ではありませんが、完全にすべてのRealmファイルを削除しようとするなら、補助的に作成されるRealmの関連ファイルも同様に削除する必要があります（リスト17.3）。

Realmに関する問題を報告する際には、これらの関連ファイルを.realm拡張子のRealmのデータファイルと一緒に添付してください。関連ファイルには問題を調査するときに役に立つ情報が含まれています。

○リスト17.3：補助的に作成されるRealmの関連ファイルを削除する

```
do {
    let fileManager = FileManager.default
    let fileURL = Realm.Configuration.defaultConfiguration.fileURL!

    // Realmファイルの削除
    try fileManager.removeItem(at: fileURL)
    // 関連ファイルの削除
    try fileManager.removeItem(at: fileURL.appendingPathExtension("lock"))
    try fileManager.removeItem(at: fileURL.appendingPathExtension("management"))
} catch {
    // 削除できない場合の対応
}
```

マイグレーション時にRealmファイルを削除したい

Realmファイルを削除したいケースとして、モデル定義を一新したりしマイグレーションが複雑になるという理由で、旧バージョンのRealmファイルを削除してマイグレーション処理を省略することが挙げられます。設定クラスのRealm.ConfigurationにはdeleteRealmIfMigrationNeededプロパティがあり、これをtrueにすることで、明示的にRealmファイルを削除することなく、マイグレーションが必要だった場合に内部でRealmファイルを削除してくれます（参照 13.7 マイグレーション処理を行わずに古いRealmファイルを削除）。

17.2 Realmを別ファイルに保存する

Realmを別ファイルに保存したい（コピーしたい）場合は、RealmのwriteCopy(toFile:encryptionKey:)を使用します（リスト17.4）。新しく保存するRealmファイルを暗号化したい場合は、第二引数のencryptionKeyに64バイトの暗号化キーを指定します（参照 12.2：Realmの各種設定 - 暗号化）。ストレージ容量不足、すでに同名のファイルが存在するなどで書き込めない場合はNSErrorがスローされます。このメソッドは、Realmファイルを最適化したい場合にも使用します（参照 17.3：肥大化したRealmファイルのサイズを最適化する）。

【宣言】Realmクラス

```
public func writeCopy(toFile fileURL: URL, encryptionKey: Data? = nil) throws
```

○リスト17.4：Realmを別ファイルに保存する

```
let realm = try! Realm()  // デフォルトRealmの取得

do {
    // ファイル名
    let fileURL = realm.configuration.fileURL!
        .deletingLastPathComponent()
        .appendingPathComponent("backup.realm")
    try realm.writeCopy(toFile: fileURL)
} catch {
    // エラー処理
}
```

17.3 肥大化したRealmファイルのサイズを最適化する

同一のRealmファイルを使用する複数のRealmインスタンスや、異なるスレッドでのRealmインスタンスを生成した場合には、Realmファイルのサイズが肥大化する場合があります（参照 10.6：Realmファイルのサイズ肥大化について）。

Realmのファイルサイズ肥大化への対策は、そもそも肥大化を防ぐか強制的にファイルサイズを最適化するかの2種類があります。

ファイルサイズの肥大化を防ぐ

　Realmのファイルサイズの肥大化の原因となる中間データが増加する問題を避けるには、invalidate()メソッドを呼び出し、Realmにこれまでに取得したデータはもう必要なくなったことを知らせます（**リスト17.5**）。そうすると、Realmは中間データの履歴を解放され、次のアクセスのときに最新のデータを使うようにRealmが更新されます。

　GCDを使ってRealmにアクセスしたときにも、中間データが増加する問題が発生する可能性があります。ブロックの実行が終了した後も、オートリリースプールのオブジェクトが解放されずに、Realmインスタンスが解放されるまで古い履歴のデータが残ることによります。この問題を避けるためにGCDのクロージャ内でRealmにアクセスするときは、明示的にautoreleasepool()を利用しRealmインスタンスへの参照をコントロールします（**リスト17.6**）。

○リスト17.5：Realmの中間データを解放する

```
let realm = try! Realm()
/* 処理 */
realm.invalidate()
```

○リスト17.6：GCD内でRealmインスタンスの参照をコントロールする

```
DispatchQueue.global().async {
    autoreleasepool {
        let realm = try! Realm()
        /* 処理 */
    }
}
```

強制的に最適化を実行する

　履歴の中間データは最終的には再利用されるか消去されます。強制的に空き領域を消去する最適化を行いたい場合は、Realmを別ファイルに保存すると最適化されたRealmファイルが新たに保存されます（参照 17.2：Realmを別ファイルに保存する）。

17.4　初期データの入ったRealmファイルをアプリに組む込む

　アプリに初期データを持ちたいケースはよくあります。初期データはRealmファイルでアプリに組み込むことも可能です。

> 【サンプル】
> サンプル/17-04_初期データの入ったRealmファイルをアプリに組む込む/CreateInitialRealm.xcodeproj
> ※このサンプルで作成したdefault-old.realmは「20.2：仕様変更のマイグレーションに対応する」のサンプルで使用しています。

初期データの入ったRealmファイルを作成する

　初期データの入ったRealmファイルを作成する簡単な方法は、初期データ作成用のプロジェクトを作ってしまうことです。モデル定義はリリース用のプロジェクトと同じにします。Realmファイルはクロスプラットフォームに対応しているので、macOSやiOSシミュレータで作成したものがそのままiOSで利用可能です。

　初期データを作成した後、Realmファイルをコピーしてファイルサイズを最適化することが推奨されています（リスト17.7）。Realmファイルのコピーについては、17.2：Realmを別ファイルに保存するを、Realmファイルの最適化については、17.3：肥大化したRealmファイルのサイズを最適化するを参照してください。

○リスト17.7：初期データの入ったRealmファイルを作成する（サンプル/17-04_初期データの入ったRealmファイルをアプリに組む込む/CreateInitialRealm.xcodeprojから抜粋）

```swift
// デフォルトRealmファイルのファイルURL
let defaultFileURL = Realm.Configuration.defaultConfiguration.fileURL!

// 新しいデフォルトRealmファイルを生成したいので存在する場合は削除します。
if FileManager.default.fileExists(atPath: defaultFileURL.path) {
    try! FileManager.default.removeItem(at: defaultFileURL)
}

let realm = try! Realm()

try! realm.write {
    // 初期データを追加します。
    realm.add(Tweet(value: TwitterJSON.tweet))
    realm.add(Tweet(value: TwitterJSON.hashtagTweet))
    realm.add(Tweet(value: TwitterJSON.userMentionTweet))
    realm.add(Tweet(value: TwitterJSON.urlTweet))
    realm.add(Tweet(value: TwitterJSON.mediaTweet))
}
// 最適化したRealmファイルのファイルURL
let fileURL = realm.configuration.fileURL!
    .deletingLastPathComponent()
    .appendingPathComponent("default-old.realm")

// 新しく最適化したRealmファイルを生成したいので存在する場合は削除します。
if FileManager.default.fileExists(atPath: fileURL.path) {
    try! FileManager.default.removeItem(at: fileURL)
}

// Realmファイルを別ファイルに保存して（コピー）してファイルサイズを最適化します。
try! realm.writeCopy(toFile: fileURL)
```

第17章:[逆引き]Realmの取り扱い

初期データの入ったRealmファイルをXcodeに追加する

サンプル/17-04_初期データの入ったRealmファイルをアプリに組む込む/CreateInitial Realm.xcodeprojを使って、初期データの入ったRealmファイルをXcodeに追加する方法を紹介します。サンプルを実行すると、初期データが追加されたRealmファイルが作成されます。デバッグログにそのRealmファイルへのファイルURLが出力されているので、それを元にRealmファイルを取り出してください。

取り出したRealmファイルをXcodeのプロジェクトナビゲーターにドラッグ&ドロップし、[Copy items if needed]と[Add to targets]にチェックを入れてRealmファイルを追加します(図17.1)。これで追加したRealmファイルにアプリからアクセスできるようになります。

○図17.1:初期データの入ったRealmファイルをXcodeに追加する

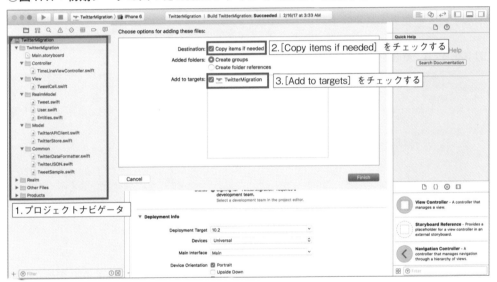

初期データの入ったRealmファイルのファイルURL

プロジェクトに組み込んだRealmファイルは、Bundleのurl(forResource:withExtension:)でファイルURLを取得できます(リスト17.8)。

○リスト17.8:初期データの入ったRealmファイルを利用する

```
let oldRealmURL = Bundle.main.url(forResource: "default-old",
                                  withExtension: "realm")!
```

書き込みして使用する

初期データが入ったRealmファイルに書き込みたい場合は、Documentsディレクトリなど書き込みが許可されている領域に、FileManagerのcopyItem(at:to:)でRealmファイルをコピーしてから使用する必要があります（**リスト17.9**）。これはアプリのバンドル内は書き込み不可な領域になっているためです。iOSシミュレータでは書き込みができてしまいますが、実機では例外が発生します。

注意点として、RealmファイルのコピーにはRealmのwriteCopy(toFile:)ではなくFileManagerのcopyItem(at:to:)を使用する必要があります。なぜなら、RealmのwriteCopy(toFile:)を使用するためには、Realmのインスタンスを生成する必要があり、その生成のタイミングでRealmが内部で使用している関連ファイル（参照 17.1：Realmファイルを削除する－補助的に作成されるRealmの関連ファイル）が生成されようとします。しかし、アプリのバンドル内は書き込み不可な領域のため、関連ファイルの書き込みができず例外が発生してしまうからです。

○リスト17.9：書き込みして使用するためにRealmファイルをコピーする

```
let defaultFileURL = Realm.Configuration.defaultConfiguration.fileURL!
let initialFileURL = Bundle.main.url(forResource: "default-old", withExtension: "realm")!

let fileManager = FileManager.default
// 初回だけコピーするようにdefaultFileURLにファイルが存在しないことを確認します。
if !fileManager.fileExists(atPath: defaultFileURL.path) {
    // Realmファイルをコピーします。
    try! fileManager.copyItem(at: initialFileURL, to: defaultFileURL)
}
```

読み取り専用で使用する

テンプレートデータなど、初期データが入ったRealmファイルを編集する必要がなく使用したい場合は、Realmを読み取り専用にすることで直接バンドル内のRealmファイルを開くことができます（**リスト17.10**）。読み取り専用のRealmについては、第12章：Realmの設定を参照してください。

○リスト17.10：読み取り専用で使用する

```
let fileURL = Bundle.main.url(forResource: "template",
                              withExtension: "realm")!
let config = Realm.Configuration(fileURL: fileURL,
                                 readOnly: true) // 読み取り専用
let templateRealm = try! Realm(configuration: config)
```

17.5 異なるRealmにモデルオブジェクトを追加する

すでにマネージオブジェクトであるモデルオブジェクトまたはそのモデルオブジェクトが持つ関連を、異なるRealmにadd()で追加しようとすると例外が発生します。異なるRealmにモデルオブジェクトを追加したい場合は、create(_:value:update:)を使用します（リスト17.11、リスト17.12）。

> 【サンプル】
> サンプル/17-05_異なるRealmにモデルオブジェクトを追加したい/DifferentRealm.xcodeproj

○リスト17.11：モデル定義

```
class MainObject: Object {
    dynamic var string = ""
    dynamic var integer = 0

    dynamic var subObject: SubObject?
}
class SubObject: Object {
    dynamic var string = ""
    dynamic var integer = 0
}
```

○リスト17.12：サンプル/17-05_異なるRealmにモデルオブジェクトを追加したい/DifferentRealm.xcodeprojから抜粋

```
// デフォルトRealmとはファイル名を変更
var otherConfig = Realm.Configuration.defaultConfiguration
otherConfig.fileURL! = otherConfig.fileURL!
                            .deletingLastPathComponent()
                            .appendingPathComponent("other.realm")

// 2つのRealmを用意
let defaultRealm = try! Realm()
let otherRealm = try! Realm(configuration: otherConfig)

// 前回の実行結果が存在する可能性があるので両方のRealmのデータを全削除
try! defaultRealm.write {
    defaultRealm.deleteAll()
}
try! otherRealm.write {
    otherRealm.deleteAll()
}

// モデルオブジェクトを生成します。
let object = MainObject(value: ["string": "ABC",
                                "integer": 100,
                                "subObject": ["string": "abc",
                                              "integer": 200]])
```

（次ページにつづく）

(前ページのつづき)

```
// defualtRealmにobjectを追加します。
try! defaultRealm.write {
    defaultRealm.add(object)
}

// defualtRealmに追加したobjectをotherRealmに追加します。
try! otherRealm.write {
    // add()では追加できません。
    // otherRealm.add(object)   // ← 実行すると例外が発生
    otherRealm.create(MainObject.self,
                      value: object)
}

// otherRealmにオブジェクトが追加されたことが確認できます
let results = otherRealm.objects(MainObject.self)
print("results: \(results)")
```

17.6 JSONからモデルオブジェクトを生成する

　RealmはJSONを直接的にはサポートしていません。しかし、JSONSerializationを使用してJSONをJSONオブジェクト（SwiftのArray、Dictionary、String、Intなど）に変換し、それをモデルオブジェクトの初期化に使用することは可能です（リスト17.13）。

> 💡【サンプル】
> サンプル/17-06_JSONからモデルオブジェクトを生成したい/RealmJSON.xcodeproj
> ※ このサンプルはサンプル/19-03_ツイートにエンティティを追加する/TwitterEntitiy.xcodeprojを元に作成しています。

注意点

　JSONからモデルオブジェクトを生成する場合は、JSONとモデルオブジェクトのプロパティ名と型は完全に一致している必要があります。その他にも次のことに注意が必要です。

- Date型やData型のプロパティは文字列から自動的に変換されない
- オプショナル型でないプロパティにnull（NSNull）が渡された場合は例外が発生する
- JSON側にObjectに定義されていないプロパティがあった場合は無視する

オブジェクトマッピング

　JSONとモデル定義間のプロパティや型の不一致については、JSONとモデルオブジェクトのマッピング（割り当てる）を行う方法が考えられます。

○リスト17.13：JSONからモデルオブジェクトを生成する（サンプル/17-06_JSONから
モデルオブジェクトを生成したい/RealmJSON.xcodeprojから抜粋）

```
let realm = try! Realm()

try! realm.write {
    // JSON
    let jsonString = "{\"id\": 20, <長いので紙面上は省略> normal.png\"}}"

    // JSONをUTF8でエンコードしたData型を生成
    let jsonData = jsonString.data(using: .utf8)!

    // jsonDataからFoundation objects
    //（SwiftオブジェクトのArray、Dictionary、String、Intなど）を生成
    let jsonObj = try! JSONSerialization.jsonObject(with: jsonData, options: [])

    // Tweetモデルオブジェクトを生成してjsonObjで初期化
    let tweet = Tweet(value: jsonObj)
    realm.add(tweet, update: true)
}
```

　実装の具体例として、Part4でTwitter APIから取得できるJSONオブジェクトからモデルオブジェクトの生成を扱っており、19.3：ツイートにエンティティを追加するで初期化をオーバーライドしてマッピングする方法を実装しています。

　他にはサードパーティ製のマッピングライブラリを利用するのも考えられます。例えば積極的にメンテナンスされているJSONマッピングライブラリとして次のものがあります。

- Argo **URL** https://github.com/thoughtbot/Argo
- Decodable **URL** https://github.com/Anviking/Decodable
- Himotoki **URL** https://github.com/ikesyo/Himotoki
- ObjectMapper **URL** https://github.com/Hearst-DD/ObjectMapper
- Unbox **URL** https://github.com/JohnSundell/Unbox

　これらはRealmとは直接関係はないのですが、JSONをRealmのモデルオブジェクトにマッピングする際に有用です。各ライブラリの仕様はさまざまですので、アプリの要件にあうものを選択するとよいでしょう。

17.7 異なるスレッド間でオブジェクトを受け渡す

　Realmでは、RealmインスタンスやObject、Results、List、LinkingObjectsのマネージドオブジェクトのインスタンスは異なるスレッド間で共有することはできないという制約があります（**参照** 10.2：異なるスレッド間でのオブジェクトの制約）。これは意図して設けられた制約で、仮にマルチスレッド間でRealmやオブジェクトを自由に渡せてしまうと、マルチスレッド間でのオブジェクトの扱い方を実装する開発者に委ねることになってしまいま

す。そうなると、マルチスレッド間でしてはいけないさまざまなルールを把握してもらう必要があり、非常に難しい扱い方を強いることになってしまいます。それならそもそもインスタンスをスレッド間で共有できず例外を発生させたほうがわかりやすく、さらに一貫性と安全性を保証できるという判断から、スレッド間でオブジェクトが渡せない制約が意図して設けられることになりました。

また、この制約のおかげで、Realmはスレッド毎に独立したデータを保持し、それらをデータベースに反映させるのにロックや競合について一切意識しなくてもいい設計にもなっています。

しかし、場合によってはスレッド間でオブジェクトをそのまま渡せた方が、実装がスムーズになる場合があります。そのために、ThreadSafeReferenceを用いた異なるスレッド間でのオブジェクトの受け渡しが用意されています（ 参照 Appendix A.1.13：ThreadSafeReference）。

> 💡 **【サンプル】**
> サンプル/17-07_異なるスレッド間でオブジェクトを受け渡す/ThreadSafeReference.xcodeproj

ThreadSafeReference

ThreadSafeReferenceを使用すると、ThreadConfinedプロトコルに準拠しているオブジェクトをスレッド間で受け渡すことができます（ 参照 Appendix A.4.5：ThreadConfined）。ObjectやRealmのコレクションクラスがThreadConfinedプロトコルに準拠しています。

> ⚠ スレッド間で受け渡せるオブジェクトは、RealmがThreadConfinedプロトコルに準拠させているObjectやRealmのコレクションクラスのみが有効で、新たにThreadConfinedに準拠するクラスを定義しても、ThreadSafeReferenceによるスレッド間のオブジェクトの受け渡しは動作しません。

ThreadSafeReferenceからオブジェクトへの参照を解決する（取り出す）には、Realmのresolve(_:)を使用します。

【宣言】 Realmクラス

```
public func resolve<Confined: ThreadConfined>(
        _ reference: ThreadSafeReference<Confined>) -> Confined?
```

■ Object

リスト17.14はObjectのモデル定義で、リスト17.15はその使用例になります。

○リスト17.14：モデル定義

```
class DemoObject: Object {
     dynamic var id = 0
}
```

○リスト17.15：Objectの例

```
// メインスレッドのRealmを取得します。
let realm = try! Realm()

let object = DemoObject(value: ["id": 1])

try! realm.write {
    realm.add(object)
}

/*
 マネージドオブジェクトのobjectを渡し、
 ThreadSafeReferenceインスタンスを生成します
 (もちろんRealmインスタンスから取得したモデルオブジェクトでも可能です)。

 ThreadSafeReferenceインスタンスが、objectへの
 スレッドセーフな参照を持ちます。
 */
let objectRef = ThreadSafeReference(to: object)

DispatchQueue.global().async {
    // バックグラウンドスレッドのRealmを取得します。
    let realm = try! Realm()

    /*
     objectRefはobjectへのスレッドセーフな参照を持ちます。
     バックグラウンドスレッドのRealmインスタンスから
     objectオブジェクトへの参照を解決する(取り出す)ことができます。
     */
    guard let object = realm.resolve(objectRef) else {
        // objectがすでに削除されている場合は、nilが返ります。
        return
    }
}
```

コレクションクラス

RealmCollection プロトコル（参照 Appendix A.4.1：RealmCollection）に準拠している、Results、List、LinkingObjects が利用可能です（リスト17.16、リスト17.17）。

○リスト17.16：モデル定義

```
class DemoObject: Object {
    dynamic var id = 0
}
```

○リスト17.17：コレクションクラスの例

```
// メインスレッドのRealmを取得します。
let realm = try! Realm()
try! realm.write {
    realm.create(DemoObject.self, value: ["id": 1])
    realm.create(DemoObject.self, value: ["id": 2])
}
let results = realm.objects(DemoObject.self)
    .sorted(byKeyPath: "id", ascending: false)
print(results) // [2, 1]
/*
 resultsからThreadSafeReferenceインスタンスを生成します。
 ThreadSafeReferenceインスタンスが、resultsへの
 スレッドセーフな参照を持ちます。
 */
let resultsRef = ThreadSafeReference(to: results)
DispatchQueue.global().async {
    // バックグラウンドスレッドのRealmを取得します。
    let realm = try! Realm()
    /*
     resultsRefはresultsへのスレッドセーフな参照を持ちます。
     バックグラウンドスレッドのRealmインスタンスから
     resultsオブジェクトへの参照を解決する(取り出す)ことができます。
     */
    guard let results = realm.resolve(resultsRef) else {
        return
    }
    print(results) // [2, 1]
}
```

第18章 [逆引き] Realmの注意事項

本章では、利用時の注意点や暗号化を利用したAppStoreへの審査などを説明しています。

18.1 アプリのバックグラウンドでRealmを使用する場合の注意点

　iOSにはファイルを保護する機能（Data Protection）が備わっています。このファイル保護機能はデバイスがロック中に、アプリで使用中のファイルへのアクセスを制限するものです。ファイル保護中にアクセスした場合は「open() failed: Operation not permitted」の例外が発生します。

　アプリのバックグランド起動を有効にしているとデバイスのロック中にRealmファイルにアクセスする可能性があり、ファイル保護の属性に注意する必要があります。

> 【サンプル】
> サンプル/18-01_アプリのバックグラウンドでRealmを使用する場合の注意点/
> RealmDataProtection.xcodeproj

ファイル保護の属性

　指定できるファイル保護の属性はリスト18.1のとおりです。
　Realmをアプリのバックグラウンド起動時に扱うには、noneにしてファイルへのアクセス制限をなしにするか、completeUntilFirstUserAuthenticationを指定することでほとんどのケースに対応できます。

○リスト18.1：指定できるファイル保護の属性

```
extension FileProtectionType {
    // ロック中のファイルアクセス可
    public static let none: FileProtectionType
    // ロック中のファイルアクセス不可
    public static let complete: FileProtectionType
    // ロック中にファイル作成とロック前にオープンしていたファイルに限りアクセス可
    public static let completeUnlessOpen: FileProtectionType
    // デバイスの初回起動からロック解除の間までファイルアクセス不可、
    // 一度ロック解除後はアクセス可（デフォルト値）
    public static let completeUntilFirstUserAuthentication: FileProtectionType
}
```

ファイル保護の対象ファイル

Realmファイルには補助的に作成される関連ファイルがあります（参照 17.1：Realmファイルを削除する−補助的に作成されるRealmの関連ファイル）。

関連ファイルも含めてファイル保護の属性を設定する必要があるのですが、関連ファイルは遅れて作成されたり途中で削除されたりする可能性があるので、属性はRealmファイルを保存しているフォルダに対して設定することをおすすめします。

例としてリスト18.2では、Documentsディレクトリにdatabaseディレクトリを追加し、databaseディレクトリのファイル保護の属性を緩めます。そしてデフォルトRealmのファイルパスをDocuments/database/default.realmに変更することで、デフォルトRealmのRealmファイルと関連ファイルのファイル保護の属性を設定できます。

> ⚠ ファイル保護の属性はiOSシミュレータでは確認できないため、実際の設定値を確認したい場合はサンプルを実機で実行してください。

○リスト18.2：ファイル保護の属性設定（サンプル/18-01_アプリのバックグラウンドでRealmを使用する場合の注意点/RealmDataProtection.xcodeprojから抜粋）

```swift
// ファイルパス: Documents
let documentDirPath = NSSearchPathForDirectoriesInDomains(
                                        .documentDirectory,
                                        .userDomainMask,
                                        true).first!
// ファイルパス: Documents/database
let databaseDirPath = (documentDirPath as NSString)
                            .appendingPathComponent("database")

// ファイルパス: Documents/database/default.realm
let realmPath = (databaseDirPath as NSString)
                    .appendingPathComponent("default.realm")

let fileManager = FileManager.default

// databaseディレクトリが存在するか
if !fileManager.fileExists(atPath: databaseDirPath) {
    // databaseディレクトリのファイル保護の属性を
    // FileProtectionType.noneに設定し、
    // ロック中のファイルアクセス制限をなしにする。
    let attributes = [FileAttributeKey.protectionKey
                            .rawValue: FileProtectionType.none]

    // databaseディレクトリを作成
    try! fileManager.createDirectory(atPath: databaseDirPath,
                            withIntermediateDirectories: true,
                            attributes: attributes)
}

// デフォルトRealmのファイルパスをDocuments/database/default.realmに変更
var config = Realm.Configuration.defaultConfiguration
config.fileURL = URL(fileURLWithPath: realmPath)
Realm.Configuration.defaultConfiguration = config
```

（次ページにつづく）

(前ページのつづき)

```
// Realmにアクセス。Realmファイルが作成される。
let realm = try! Realm()
print("RealmファイルURL↓\n\n\(realm.configuration.fileURL!.path)\n")

// databaseディレクトリのファイル保護の属性を確認
let databaseAttr = try! fileManager.attributesOfItem(atPath: databaseDirPath)
// ※実機でないと確認できません
print("databaseディレクトリのファイル保護の属性: \(databaseAttr[.protectionKey])\n")

// Realmファイルのファイル保護の属性を確認
let realmAttr = try! fileManager.attributesOfItem(
                        atPath: realm.configuration.fileURL!.path)
// ※実機でないと確認できません
print("Realmファイルのファイル保護の属性: \(realmAttr[.protectionKey])")
```

ファイル保護の属性を緩めた場合のセキュリティ

　iOSのファイル保護機能を使わないように設定するのであれば、データを保護するためにRealmの暗号化機能を利用することをおすすめします。Realmの暗号化機能については12.2：Realmの各種設定 - 暗号化を参照してください。

18.2 暗号化したRealmとクラッシュレポートツール併用時の注意点

　暗号化したRealmとサードパーティ製のCrashlyticsやPLCrashReporterなどのクラッシュレポートツールを使用する場合には、暗号化したRealmを初めて開く前にクラッシュレポートツールの登録をする必要があります（リスト18.3）。そうしないと、アプリが実際にクラッシュしていないにもかかわらず、誤ったクラッシュレポートを受け取る可能性があります。

○リスト18.3：Crashlyticsでの例

```
func application(_ application: UIApplication, didFinishLaunchingWithOptions
        launchOptions: [UIApplicationLaunchOptionsKey: Any]?) -> Bool {
    // Realmにアクセスする前にCrashlyticsの初期化を行う
    Fabric.with([Crashlytics.self])

    /* 以降、暗号化したRealmにアクセスする */

    return true
}
```

18.3 ユニットテスト

　Xcodeの機能でユニットテスト（XCTests）があります。Realmのユニットテストを行う場合には、Realmデータベースをテストケースごとに独立させる必要があります。その場合

にメモリのみで動作するRealmを使用することで、簡単にデータを独立させることが可能になります（リスト18.4）。

> 💡【サンプル】
> サンプル/18-03_ユニットテスト/RealmUnit.xcodeproj

○リスト18.4：テストケースごとにRealmを独立させる（サンプル/18-03_ユニットテスト/RealmUnit.xcodeproj）

```
class RealmUnitTests: XCTestCase {
    // 各テスト関数が呼び出される前のセットアップ用の関数
    override func setUp() {
        super.setUp()

        /*
         XCTestCaseのnameは実行する各テストケース（テスト関数）の名前になります。
         inMemoryIdentifierにテストケース名を使用することによって、
         テストケースごとにデフォルトRealmオブジェクトを独立させることができます。
         */
        Realm.Configuration.defaultConfiguration.inMemoryIdentifier = name
    }

    // 各テスト関数の呼び出し後のクリーンアップ用の関数
    override func tearDown() {
        /*
         各テストケースではメモリのみで動作するRealmを使用しているので、
         ここでテスト終了後の後始末としてRealmのデータを削除する必要がなくなります。
         */

        super.tearDown()
    }

    func testExample1() {
        /*
         ここで取得するデフォルトRealmオブジェクトは、他のテストケースと独立した
         メモリのみで動作するRealmオブジェクトになります。

         testExample1()のスコープを抜けた時点でこのRealmオブジェクトは
         解放（データは削除）されます。
         */
        let realm = try! Realm()

        /* テスト */
    }

    func testExample2() {
        let realm = try! Realm()  // 他のテストケースと独立したデフォルトRealm

        /* テスト */
    }
}
```

18.4 暗号化キーの生成と安全な管理方法

Realmを暗号化したい場合は、encryptionKeyに64バイトの暗号化キーを指定するだけで簡単にデータベースを暗号化できます（ 参照 第12章：Realmの設定）。

Realmの暗号化に使用している暗号化キーは、ほとんどのケースでアプリ内に保持することになります。ここで問題となるのが暗号化キーを秘匿化する方法です。秘匿化したい理由はアプリの要件によってさまざまですが、例えば他者あるいは利用しているユーザからデータベースに保存してあるデータの閲覧や改変を防目的や、データベースに保存してある内容から利用しているシステムやAPIが解析されるのを防ぎたいというのが考えられます。

しかし、アプリ内にデータを保存している以上、完全に秘匿化するというのは現実的には不可能に近いです。ここではある一定水準以上のセキュリティレベルが確保できるかつ、手軽に利用可能なキーチェーンというiOSで利用可能なセキュアなストレージを使った暗号化キーの管理方法を紹介します。

> 💡 【サンプル】
> サンプル/18-04_暗号化キーの生成と安全な管理方法/RealmKeychain.xcodeproj

暗号化キーの動的な生成

暗号化キーをコード内に直接記述している場合、その暗号化キーはアプリ（iapファイル）を解析することで特定できる可能性があります。そこで、事前に特定の暗号化キーを決めずに実行時に動的に生成することで一定のセキュリティ向上が見込めます。SecurityフレームワークのSecRandomCopyBytes()で64バイト長の乱数を生成して暗号化キーに使用します（リスト18.5）。

○リスト18.5：暗号化キーの動的な生成

```
let keyData = NSMutableData(length: 64)!
let result = SecRandomCopyBytes(kSecRandomDefault, 64,
    keyData.mutableBytes.bindMemory(to: UInt8.self, capacity: 64))
```

キーチェーンへの保存と取得

生成した暗号化キーをキーチェーンに追加します。キーチェーンにデータを追加するのには、SecurityフレームワークのSecItemAdd(_:_:)を使用します（リスト18.6）。

キーチェーンに保存した暗号化キーを取り出すには、SecurityフレームワークのSecItemCopyMatching(_:_:)を使用します（リスト18.7）。加えて、例ではSwiftの最適化に起因するバグを避けるためにwithUnsafeMutablePointer()も使用しています（ URL http://stackoverflow.com/questions/24145838/querying-ios-keychain-using-swift/27721328#27721328）。

Part3：活用編

　キーチェーンから暗号化キーを取得または新規生成して保存する全体のコードは**リスト18.8**です。流れは、暗号化キーがキーチェーンに保存済かどうかで処理が変わります。

＜暗号化キーがキーチェーンに＞
- 保存済みなら、取り出して返す
- 保存されていないなら、新たに生成したキーチェーンに保存して返す

○リスト18.6：キーチェーンへ暗号化キーを保存（サンプル/18-04_暗号化キーの生成と安全な管理方法/RealmKeychain.xcodeprojから抜粋）

```
// キーチェーンに保存するためのクエリを生成
query = [
    kSecClass: kSecClassKey,
    kSecAttrApplicationTag: keychainIdentifierData as AnyObject,
    kSecAttrKeySizeInBits: 512 as AnyObject,
    kSecValueData: keyData
]
// キーチェーンに暗号化キーを追加
status = SecItemAdd(query as CFDictionary, nil)
```

○リスト18.7：キーチェーンから暗号化キーを取得（サンプル/18-04_暗号化キーの生成と安全な管理方法/RealmKeychain.xcodeprojから抜粋）

```
// キーチェーンにすでに暗号化キーが保存されているかのクエリを生成します。
var query: [NSString: AnyObject] = [
    kSecClass: kSecClassKey,
    kSecAttrApplicationTag: keychainIdentifierData as AnyObject,
    kSecAttrKeySizeInBits: 512 as AnyObject,
    kSecReturnData: true as AnyObject
]

/*
 キーチェーンからSecItemCopyMatching()を使用して保存していた暗号化キーを取得する。

 Swiftの最適化に起因するバグを避けるために、withUnsafeMutablePointer()を
 使用してキーチェーンから値を取り出す必要があります。
 */
var dataTypeRef: AnyObject?
var status = withUnsafeMutablePointer(to: &dataTypeRef) {
    SecItemCopyMatching(query as CFDictionary, UnsafeMutablePointer($0)) }
```

○リスト18.8：キーチェーンから暗号化キーを取得または新規生成して保存（サンプル/18-04_暗号化キーの生成と安全な管理方法/RealmKeychain.xcodeprojから抜粋）

```
func getKey() -> Data {
    // キーチェーンは一意のIDが必要になります。
    let keychainIdentifier = "io.Realm.EncryptionExampleKey"
    let keychainIdentifierData = keychainIdentifier.data(
                                    using: String.Encoding.utf8,
                                    allowLossyConversion: false)!

    // キーチェーンにすでに暗号化キーが保存されているかのクエリを生成します。
    var query: [NSString: AnyObject] = [
```

（次ページにつづく）

（前ページのつづき）

```swift
        kSecClass: kSecClassKey,
        kSecAttrApplicationTag: keychainIdentifierData as AnyObject,
        kSecAttrKeySizeInBits: 512 as AnyObject,
        kSecReturnData: true as AnyObject
    ]
    /*
     キーチェーンからSecItemCopyMatching()を使用して保存していた暗号化キーを
     取得します。

     Swiftの最適化に起因するバグを避けるために、withUnsafeMutablePointer()を
     使用してキーチェーンから値を取り出す必要があります。
     */
    var dataTypeRef: AnyObject?
    var status = withUnsafeMutablePointer(to: &dataTypeRef) {
        SecItemCopyMatching(query as CFDictionary, UnsafeMutablePointer($0)) }
    if status == errSecSuccess {
        let data = dataTypeRef as! Data
        print("キーチェーンから暗号化キーを取得しました")
        return data
    }

    // キーチェーンに暗号化キーが存在しなかったので、暗号化キーを生成します。
    let keyData = NSMutableData(length: 64)!
    // SecRandomCopyBytes()から64バイト長の乱数を生成します。
    let result = SecRandomCopyBytes(kSecRandomDefault,
                                    64,
                                    keyData.mutableBytes
                                        .bindMemory(to: UInt8.self, capacity: 64))
    assert(result == 0, "乱数の生成に失敗")

    print("新しい暗号化キーを生成しました")

    // キーチェーンに保存するためのクエリを生成
    query = [
        kSecClass: kSecClassKey,
        kSecAttrApplicationTag: keychainIdentifierData as AnyObject,
        kSecAttrKeySizeInBits: 512 as AnyObject,
        kSecValueData: keyData
    ]

    // キーチェーンに暗号化キーを追加
    status = SecItemAdd(query as CFDictionary, nil)
    assert(status == errSecSuccess, "キーチェーンに新しい暗号化キーを追加するのに失敗しました。")
    print("新しい暗号化キーをキーチェーンに保存しました")

    return keyData as Data
}
```

キーチェーンから削除

キーチェーンから暗号化キーを削除する場合は、SecurityフレームワークのSecItemDelete()を使用します（リスト18.9）。

注意点は、暗号化キーを削除したらもうRealmファイルを開く手段がなくなるということです。そのためリスト18.9では、暗号化キーの削除と共にRealmファイルを削除するようにしています（参照 17.1：Realmファイルを削除する）。

サンプルの初回起動で、暗号化キーが生成されキーチェーンに保存されます。2回目以降の起動は、削除ボタンで暗号化キーを削除しない限り、保存した暗号化キーを取り出すログが表示されます。

○リスト18.9：キーチェーンから暗号化キーを削除（サンプル/18-04_暗号化キーの生成と安全な管理方法/RealmKeychain.xcodeprojから抜粋）

```
@IBAction func deleteEncryptionKey() {
    // キーチェーンのアイテムを削除するためのクエリを生成
    let query: [NSString: AnyObject] = [
        kSecClass: kSecClassKey,
        kSecAttrApplicationTag: keychainIdentifierData as AnyObject,
        kSecAttrKeySizeInBits: 512 as AnyObject,
        kSecReturnData: true as AnyObject
    ]

    let result = SecItemDelete(query as CFDictionary)
    switch result {
    case errSecSuccess:
        print("キーチェーンから暗号化キーを削除しました。")

        let fileURL = Realm.Configuration.defaultConfiguration.fileURL!

        let fileManager = FileManager.default
        if fileManager.fileExists(atPath: fileURL.path) {
            try! fileManager.removeItem(at: fileURL)
            print("Realmファイルを削除しました。")
        }
        return
    case errSecItemNotFound:
        print("キーチェーンに暗号化キーは保存されていません。")
    default:
        fatalError("不明なエラー。 result: \(result)")
    }
}
```

OSSの利用

キーチェーンは一見とてもシンプルなAPIで利用可能ですが、サンプルで使用しているコードはあくまでもキーチェーンにアクセスするための最低限のコードで、省略しているエラー処理などにも適切に対応する必要があります。

また他にもキーチェーン自体の便利な機能もあるので、それらを活用する意味でもOSSの利用が考えられます。例えば積極的にメンテナンスされているライブラリとして次のもの

があります。

- KeychainAccess 🔗 https://github.com/kishikawakatsumi/KeychainAccess
- Locksmith 🔗 https://github.com/matthewpalmer/Locksmith

バックアップからの復元時の注意点

　デバイスをバックアップから復元した場合に、Realmファイルは復元されるがキーチェーンに保存した暗号化キーが復元されないという状況が発生する恐れがあります。これはキーチェーンに保存されたデータは、「**暗号化されたiTunesバックアップから復元**」でないとデバイスには復元されないからです。キーチェーン内に暗号化キーがなければ、当然復元したRealmファイルを開くことができなくなります。これらを防ぐために、実際のアプリでは暗号化キーがない場合も想定したエラー処理を実装する必要があります。

キーチェーンのセキュリティについて

　キーチェーンを使用したとしても、アプリ内にデータが存在している以上、残念ながらデータベースや暗号化キーを完全に秘匿化することは現実的には不可能です。

　一般的な設計の話で元も子もない話になるかもしれませんが、キーチェーンなどを利用してある一定水準以上のセキュリティレベルを確保しつつ、基本的にはアプリ内に保存するデータは見られても問題ないような設計にするのが望ましいでしょう。

18.5 暗号化を利用した場合のAppStoreへの審査について

　Apple Storeでのアプリ審査時の質問項目の1つに「輸出コンプライアンス」があります。輸出コンプライアンスとは米国輸出管理規則に関する質問事項で、Realmを暗号化した場合は回答する必要があります。

　暗号化を使用した場合に、輸出コンプライアンスに回答する必要が生じる理由は次のとおりです。

- Appleは米国の企業なのでアプリを海外に配信する場合はソフトウェアの輸出にあたる
- 米国はEARという輸出管理規則がある
- EARには兵器の輸出の規定もある
- 暗号は兵器とみなされているのでEARに規制される（戦時中など暗号が武器と同等に重要視されていた経緯）
- アプリ内で暗号化が使用されている場合はEARに抵触するので、App Storeで所定の質問に答える必要があり、回答内容によっては除外または書類の提出が求められる

　輸出コンプライアンスへの回答はアプリの要件によって異なります。回答方法が不明な場合は、個別にAppleに問い合わせください。

具体例

参考までに筆者が2015年8月頃にTwitterクライアントアプリをリリースしたときの回答は次のとおりです（質問内容は変更される可能性があります）。

■問1：このAppを前回提出してから暗号化機能を追加または変更しましたか？
　　→ YES

■問2：あなたのAppは、暗号化を使うように設計されていますか？ または、暗号化を含むか組み込んでいますか？（AppがiOSまたはOS Xで利用可能な暗号化のみ使用する場合でも「はい」を選択してください）
　　→ YES

■問3：あなたのAppは、米国輸出管理規則の第2部、カテゴリ5に記載の非課税資格をすべて満たしていますか？
　　→ YES
※Twitterクライアントアプリはカテゴリ5の除外事項にすべて当てはまると判断できます。

3つの問いにすべてYESで回答したところ審査は通過しました。ちなみに問3を「NO」と回答すると米国商務省産業安全保障局（BIS）が発行する暗号登録（ERN）の承認番号のコピーを提出する必要があります。

実装編
～Twitterクライアントを作る

Part3までRealmの基本的な動作や利用Tipsを説明してきました。次のステップとして、本Partでは具体的なアプリ（Twitterクライアント）制作を通じて、どのように活用していくかに解説していきます。

第19章　基本動作の開発
第20章　応用的な開発

第19章 基本動作の開発

まずは、Twitterクライアントして基本的な動作部分から制作していきましょう。なお、サンプルソースをダウンロードしてXcodeでプロジェクトを開いてから読み進めることをおすすめします。

19.1 Twitterクライアントを作る

Twitterは140文字以下の「ツイート」の投稿を共有するWebサービスです。ツイートはある程度複雑なデータ構造を持っていますので、これらをRealmで保存して表示できるアプリを作っていきます。

Twitter APIについて

Twitterはツイートの情報（JSON）を取得するためのAPIが用意されています。サンプルではAPIの通信部分を簡易的にするために、APIから返される想定のJSONをSwiftのオブジェクト（Array、Dictionary、Stringなど）に変換したJSONオブジェクトを静的に用意し、仮想のリクエストからJSONオブジェクトを取得する流れを作っています。最後の、20.4 その後の開発で実際にTwitter APIとの通信部分に対応しています。

19.2 ツイートを表示する

まずはシンプルに1つのツイートを表示します。

ツイートを構成するのに最低限含まれている情報は、ユーザ名、スクリーンネーム（一意の文字列ID）、ユーザ画像URL、投稿日時、ツイート本文があります（図19.1）。

> 💡【サンプル】
> サンプル/19-02_ツイートを表示する/TwitterTweet.xcodeproj

○図19.1：ツイートを構成する情報

ユーザのモデルクラスを定義する

リスト19.1はTwitter APIから取得できるユーザのDictionary（JSONオブジェクト）の例です。

ユーザのDictionaryを元にモデル定義を行います（リ

スト19.2、参照 5.1：モデル定義とは）。ポイントはプロパティ名をDictionaryのキーと同一にすることです。Realmに保存するユーザが重複しないようにidをプライマリキーにします。

○リスト19.1：ユーザのJSONオブジェクト（TwitterJSON.swift）

```
// ユーザのJSONオブジェクト(必要な部分だけを抜粋)
static let user: [String: Any] = [
    "id": 12, // ユーザID
    "name": "Jack Dorsey", // ユーザ名
    "screen_name": "jack", // スクリーンネーム(変更可能な一意の文字列ID)
    "profile_image_url_https": "https://<長いので紙面上は省略>.png" // ユーザ画像URL
]
```

○リスト19.2：ユーザのモデル定義（User.swift）

```
class User: Object {
    dynamic var id = 0 // 一意の数値ID(変更不可でTwitterアカウントを作成時に自動で与えられる)
    dynamic var name = "" // 名前
    dynamic var screen_name = "" // スクリーンネーム(変更可能な一意の文字列ID)
    dynamic var profile_image_url_https = "" // プロフィール画像URL

    override class func primaryKey() -> String? {
        return "id"    // idをプライマリキーに指定する
    }
}
```

ツイートのモデルクラスを定義する

リスト19.3はTwitter APIから取得できるツイートのDictionary（JSONオブジェクト）の例です。ツイートのDictionaryには必ずユーザのDictionaryが含まれています。

ツイートのDictionaryを元にモデル定義を行います（リスト19.4）。ユーザと同様にプロパティ名をDictionaryのキーと同一にします。Realmに保存するツイートが重複しないようにidをプライマリキーとします。

ツイートを追加する

ツイートのDictionaryからツイートモデルクラスを生成し、初期化してRealmに追加します（参照 7.3：モデルオブジェクトの追加）。

リスト19.5では起動のたびにRealmに追加するようになっています。ツイートモデルクラスにはプライマリキーを定義しているため、add(_:update:)のupdateをtrueにして追加する必要があります。updateがtrueでない場合は、新規でモデルを追加する挙動となり一意であるはずのツイートモデルが重複することになってしまうので、例外が発生します。Realmでは開発中にモデル定義に反する挙動（今回の例だとプライマリキーがあるのに重複させるadd()を使用している）に気づくことができるように例外が発生するようになっています。

サンプルのJSONオブジェクトは静的なので変更が起きることはないですが、仮にプライマリキーのid以外の要素が更新された場合は適切に上書き更新されます。

○リスト19.3：ツイートのJSONオブジェクト（TwitterJSON.swift）

```
// ツイートのJSONオブジェクト(必要な部分だけを抜粋)
static let tweet: [String: Any] = [
    // 元のツイート: https://twitter.com/jack/status/20
    "id": 20, // ツイートID
    "created_at": "Tue Mar 21 20:50:14 +0000 2006", // ツイートが作成された日付
    "text": "just setting up my twttr", // ツイート本文
    "user": user, // ツイートしたユーザ
]

// ユーザのJSONオブジェクト(必要な部分だけを抜粋)
static let user: [String: Any] = [
    "id": 12, // ユーザID
    "name": "Jack Dorsey", // ユーザ名
    "screen_name": "jack", // スクリーンネーム (変更可能な一意の文字列ID)
    "profile_image_url_https": "https://<長いので紙面上は省略>.png" // ユーザ画像URL
]
```

○リスト19.4：ツイートのモデル定義（Tweet.swift）

```
class Tweet: Object {
    dynamic var id = 0 // 一意のID
    dynamic var created_at = "" // 作成された日付
    dynamic var text = "" // 本文
    dynamic var user: User? // Tweetを投稿したUser

    override class func primaryKey() -> String? {
        return "id"    // idをプライマリキーに指定する
    }
}
```

○リスト19.5：ツイートの追加（TimeLineViewController.swift）

```
let realm = try! Realm()
try! realm.write {
    // JSONオブジェクトからTweetモデルを生成する。
    let tweet = Tweet(value: TwitterJSON.tweet)

    /*
    TweetモデルをRealmに追加する。
    TweetモデルはprimaryKeyがあり、重複して追加される可能性もあるため、
    updateをtrueにします。
    */
    realm.add(tweet, update: true)
}
```

特定のツイートを取得する

　ツイートのidをプライマリキーに指定することで、該当のツイートモデルオブジェクトを取得できます（リスト19.6、参照 第8章モデルオブジェクトの取得）。

○リスト19.6：ツイートを取得（TimeLineViewController.swift）

```
let realm = try! Realm()
let tweet = realm.object(ofType: Tweet.self,
                         forPrimaryKey: tweetID)!
```

ツイートモデルからUIを構築する

■表示に使用する日付

　日付文字列のcreated_atは、EEE MMM dd HH:mm:ss Z yyyyというフォーマットになり、タイムゾーンはグリニッジ標準時間（GMT）になります。

　created_atをそのままツイートの投稿日時にすると読みづらいため、フォーマットを読みやすい形に変更するとともに、ロケールを日本語に変更できる日付フォーマッタを追加します（リスト19.7）。

　ツイートモデルクラスにcreated_atを読みやすい日付文字列に変更して返すdateプロパティを追加します（リスト19.8）。

> DateFormatterは意外と生成の処理コストが高いため、繰り返し使用する場合はリスト19.7のようにキャッシュすることをおすすめします。

○リスト19.7：日付フォーマッタ（TwitterDateFormatter.swift）

```
// ツイートのJSONで使用されている日付のフォーマッタ
static let api: DateFormatter = {
    let formatter = DateFormatter()
    formatter.locale = Locale(identifier: "en_US_POSIX")

    // 例: Wed Apr 18 04:38:57 +0000 2012
    formatter.dateFormat = "EEE MMM dd HH:mm:ss Z yyyy"
    return formatter
}()
// ツイートの表示に使用する絶対時間の日付フォーマッタ
static let absolute: DateFormatter = {
    let formatter = DateFormatter()
    formatter.locale =  Locale(identifier: "ja") // ロケールは日本語を指定
    formatter.dateStyle = .short
    formatter.timeStyle = .medium
    return formatter
}()
```

○リスト19.8：日付文字列（Tweet.swift）

```
// 読みやすいフォーマットに変更した日付文字列を返す。
var date: String {
    // created_atをDate型に変換する。
    let date = TwitterDateFormatter.api.date(from: created_at)!
    // dateを日本語のロケールで、読みやすいフォーマットに変更した日付文字列を返す。
    return TwitterDateFormatter.absolute.string(from: date)
}
```

■ セルの構築

ツイートモデルからツイートの情報、ユーザの情報にアクセスすることで各UIを更新します（**リスト19.9**）。ユーザ画像はツイートのデフォルト画像を取得する通信を行なっています。各LabelはMain.Storyboardに設定済みです。

○リスト19.9：ツイートモデルをUIに反映（TweetCell.swift）

```swift
func configure(tweet: Tweet) {
    dateLabel.text = tweet.date // 4. 投稿日時
    bodyLabel.text = tweet.text // 5. ツイート本文
    
    guard let user = tweet.user else { return }
    nameLabel.text = user.name // 2. ユーザ名
    screenNameLabel.text = "@" + user.screen_name // 3. スクリーンネーム
    // ユーザ画像の取得リクエスト
    let request = URLRequest(url: URL(string: user.profile_image_url_https)!,
                             cachePolicy: .useProtocolCachePolicy,
                             timeoutInterval: 20)
    let task = URLSession.shared.dataTask(with: request) {
                             [weak self] (responseData, response, error) in
        guard let responseData = responseData else { return }
        guard let image = UIImage(data: responseData) else { return }
        
        // ここは非同期のスレッドなのでメインスレッドでUIを更新する。
        DispatchQueue.main.async {
            self?.userImageView.image = image // 1. ユーザ画像
        }
    }
    task.resume()
}
```

○図19.2：ツイート本文のテキスト色をエンティティごと変更する

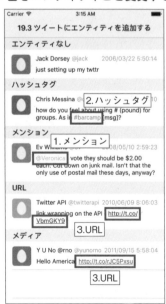

19.3 ツイートにエンティティを追加する

ツイートはエンティティと呼ばれるメンション、ハッシュタグ、URLなどの詳細を含む追加情報を持ちます。エンティティからツイート本文内にURLが含まれているかなどを特定できるので、それを元にURLのテキスト色の変更やリンク化も可能となります。

次は、各エンティティのモデル定義を追加して、ツイート本文のテキスト色をエンティティごとに変更します（図19.2）。

> 💡【サンプル】
> サンプル/19-03_ツイートにエンティティを追加する/TwitterEntitiy.xcodeproj

各エンティティのモデルクラスを定義する

■ エンティティズ（Entities）

リスト19.10はTwitter APIから取得できるエンティティズのDictionary（JSONオブジェクト）の例です。エンティティズのDictionaryは、ツイートのDictionaryに含まれています。エンティティズがメンション、ハッシュタグ、URLなどの各エンティティの配列で持っています。

エンティティズのDictionaryを元にモデル定義を行います。各エンティティは配列で存在するので、Listクラスで定義します（リスト19.11）。

■ エンティティの抽象モデルクラス

エンティティには共通するプロパティがあります。このような共通した定義がある場合は抽象クラスを定義して、各エンティティはこの抽象クラスを継承することでモデル定義を簡潔にすることができます。

リスト19.12は、すべてのエンティティに共通しているJSONオブジェクト部分です。

indicesはエンティティ文字列の開始と終わりのインデックスをIntの配列で持っています。これをパース(分析)してマッピング（モデルに合うデータに変換）する処理を抽象クラスに定義します（リスト19.13）。

○リスト19.10：エンティティズのJSONオブジェクト（例）

```
[
    "id": 19,
    "created_at": "Thu Aug 23 19:25:10 +0000 2007",
    "text": "how do you feel <長いので紙面上は省略> #barcamp [msg]?",
    "user": ["id": 1186,
            "name": "Chris Messina",
            "screen_name": "chrismessina",
            "profile_image_url_https": "https://<長いので紙面上は省略>.png"],
    "entities": ["hashtags": [ /* エンティティJSON */ ],
                 "user_mentions": [ /* エンティティJSON */ ],
                 "urls": [ /* エンティティJSON */ ],
                 "media": [ /* エンティティJSON */ ]],
]
```

○リスト19.11：エンティティズのモデル定義（Entities.swift）

```
class Entities: Object {
    let hashtags = List<Hashtag>() // ハッシュタグモデルへの1対多の関連
    let user_mentions = List<UserMention>() // ユーザメンションモデルへの1対多の関連
    let urls = List<EntityURL>() // URLモデルへの1対多の関連
    let media = List<Media>() // メディアモデルへの1対多の関連
}
```

○リスト19.12：すべてのエンティティに共通するJSONオブジェクト（TwitterJSON.swift）

```
"indices": [32, 36] // エンティティ文字列の開始と終わりのインデックス
```

○リスト 19.13：indicesのマッピング（Entities.swift）

```swift
import RealmSwift
import Realm    // init(value:)をoverrideするために必要
// 各エンティティ(メタデータ、追加情報)モデルの共通プロパティを持つ抽象クラス
class Entity: Object {
    /*
     すべてのエンティティJSONはその文字列の開始と終わりのインデックスをIntの配列
     で持っています。
     RealmはIntの配列をそのまま保存できないので、初期化時にパース(分析)して
     マッピング(モデルに合うデータに変換して保存)する方法が考えられます。
     */
    dynamic var indexStart = 0
    dynamic var indexEnd = 0
    var range: NSRange {
        return NSRange(location: indexStart, length: indexEnd - indexStart)
    }
    
    /*
     init(value:)とinit(value:schema:)のタイミングでマッピングを行います。
     */
    override init(value: Any) {
        super.init(value: value)
        mapping(value: value)
    }
    
    required init(value: Any, schema: RLMSchema) {
        super.init(value: value, schema: schema)
        mapping(value: value)
    }
    
    /*
     [注意]
     init()をオーバーライドする場合は、Objective-Cの初期化関数もオーバーライドし
     ないとコンパイルエラーとなります。Objective-Cの初期化関数がNS_DESIGNATED_
     INITIALIZERに指定されているためです。
     Objective-Cのイニシャライザ(初期化関数)をオーバーライドするためには
     Import Realmも必要となります。
     これらはSwiftのイントロスペクション機能の制限となります。
     
     この制約を避ける方法として、convenience init()を実装する方法が考えられますが、
     その場合はTweetのイニシャライザ(初期化関数)も実装する必要がでてきます。
     */
    required init() { super.init() }
    required init(realm: RLMRealm, schema: RLMObjectSchema) {
        super.init(realm: realm, schema: schema)
    }
    
    // MARK: -
    
    func mapping(value: Any) {
        if let value = value as? [String: Any],
            let indices = value["indices"] as? [Int],
            indices.count == 2,
            let start = indices.first,
            let end = indices.last
        {
            self.indexStart = start
            self.indexEnd = end
        }
    }
}
```

マッピングなどでイニシャライザをカスタムする場合はいくつかの方法が考えられます。

- convenience init()を定義する（Realmが推奨する方法）

【メリット】
　イニシャライザ自体は簡潔に定義できます。

【デメリット】
　convenience init()を適宜呼ぶ必要があるため、ネストしたモデルオブジェクトの初期化に気をつける必要があります。リスト19.13だとTweetの初期化はデフォルト実装のTweet(value:)を呼び出していますが、これはEntityのconvenience init()を呼び出しません。これらを改善するためには、TweetとEntitiesに新たなconvenience init()を定義し、Tweetの初期化で新たに定義したconvenience init()を呼び出し、Tweetの初期化内ではEntitiesのconvenience init()を呼び出し、Entitiesの初期化内ではEntitiyのconvenience init()を呼び出す必要があります。

- init(value:) と init(value:schema:)をオーバライドする（リスト19.13）

【メリット】
　デフォルトのinit(value:)とinit(value:schema:)がそのまま利用できるため、ネストしたモデルオブジェクトでも気にせず初期化できます。サンプルですとTweet(value:)内で適切にEntity(value:)が呼ばれます。

【デメリット】
　Import Realmを追加し、Objective-Cのイニシャライザ(初期化関数)をオーバーライドする必要があります。

- オブジェクトマッピングライブラリを使用する

　17.6：JSONからモデルオブジェクトを生成する – オブジェクトマッピングで説明しているようなサードパーティのオブジェクトマッピングライブラリを使用する方法です。

【メリット】
　ケースによりますが、独自でconvenience init()を定義するよりは記述は簡単になるかもしれません。

【デメリット】
　使用するサードパーティのライブラリの仕様を把握する必要があります。

　現状のRealmの仕様ではどの方法も一長一短がありますので、アプリの要件によって適宜選択する必要があります。

■ ハッシュタグモデル

Twitter APIから取得できるハッシュタグのDictionaryです（リスト19.14）。

ハッシュタグのJSONオブジェクトを元にモデル定義を行います（リスト19.15）。継承しているEntityがindicesの定義と初期化を行います。

■ ユーザメンションモデル

Twitter APIから取得できるユーザメンションのDictionaryです（リスト19.16）。

ユーザメンションのJSONオブジェクトを元にモデル定義を行います（リスト19.17）。継承しているEntityがindicesの定義と初期化を行います。

○リスト19.14：ハッシュタグのJSONオブジェクト（TwitterJSON.swift）

```
[
    "text": "barcamp", // ハッシュタグの文字列
    "indices": [56, 64]
]
```

○リスト19.15：ハッシュタグのモデル定義（Entities.swift）

```
// ハッシュタグモデル
class Hashtag: Entity {
    dynamic var text = "" // ハッシュタグの文字列
}
```

○リスト19.16：ユーザメンションのJSONオブジェクト（TwitterJSON.swift）

```
[
    "id":10350, // ユーザの数値ID
    "name": "Veronica Belmont", // ユーザ名
    "screen_name": "Veronica", // スクリーンネーム(変更可能な一意の文字列ID)
    "indices": [0, 9]
]
```

○リスト19.17：ユーザメンションのモデル定義（Entities.swift）

```
// ユーザメンションモデル
class UserMention: Entity {
    dynamic var id = 0 // ユーザの数値ID
    dynamic var name = "" // ユーザ名
    dynamic var screen_name = "" // ユーザの文字列ID
}
```

第19章：基本動作の開発

■ URLモデル

Twitter APIから取得できるURLのDictionaryです（リスト19.18）。

URLのDictionaryを元にモデル定義を行います（リスト19.19）。継承しているEntityがindicesの定義と初期化を行います。

■ メディアモデル

Twitter APIから取得できるメディアのDictionaryです（リスト19.20）。メディアには画像や動画があります。

メディアのDictionaryを元にモデル定義を行います（リスト19.21）。継承しているEntityがindicesの定義と初期化を行います。

○リスト19.18：URLのJSONオブジェクト（TwitterJSON.swift）

```
[
    "url": "http://t.co/VbmGKY9", // Twitterの短縮URL
    "display_url": "groups.google.com/group/twitter-…", // 表示用のURL
    "expanded_url": "http://<長いので紙面上は省略>/14d5474c13ed84aa", // フルURL
    "indices": [27, 46]
]
```

○リスト19.19：URLのモデル定義（Entities.swift）

```
// URLモデル
class EntityURL: Entity {
    dynamic var url = "" // Twitterの短縮URL
    dynamic var display_url = "" // 表示用のURL
    dynamic var expanded_url = "" // フルURL
}
```

○リスト19.20：メディアのJSONオブジェクト（TwitterJSON.swift）

```
[
    "url": "http://t.co/rJC5Pxsu", // Twitterの短縮URL
    "display_url": "pic.twitter.com/rJC5Pxsu", // 表示用のURL
    "expanded_url": "https://<長いので紙面上は省略>/1", // Twitter.comのメディアページのURL
    "media_url_https": "https://<長いので紙面上は省略>.jpg", // メディアのURL
    "indices": [15, 35]
]
```

○リスト19.21：メディアのモデル定義（Entities.swift）

```
// メディアモデル
class Media: Entity {
    dynamic var url = "" // Twitterの短縮URL
    dynamic var display_url = "" // 表示用のURL
    dynamic var expanded_url = "" // Twitter.comのメディアページのURL
    dynamic var media_url_https = "" // メディアのURL
}
```

ツイートとエンティティを関連付ける

ツイートのモデル定義に1対1の関連でエンティティズモデルを追加します（**リスト19.22**）。これでツイートのDictionaryに含まれているエンティティズのDictionaryを初期化して保存できるようになりました。

エンティティから文字色を変更する

各エンティティモデルクラスにテキスト色などの文字列属性を追加します。抽象クラスであるエンティティモデルクラスにデフォルト実装を追加します（**リスト19.23**）。デフォルトは属性はなし（nil）にしています。

各エンティティモデルクラスはattributesプロパティをオーバーライドして文字列属性を任意で設定します。例えばハッシュタグモデルだと**リスト19.24**のとおりです。

ツイートモデルクラスに各エンティティの属性から属性文字列を生成する関数を追加します（**リスト19.25**）。

セルのツイート本文ラベルのテキストを属性文字列に変更することで、文字色などの属性が追加された文字列をUIに反映できます（**リスト19.26**）。

19.4 タイムラインを表示する

前節までででツイートの表示ができるようになりました。次に複数のツイートをタイムラインとして表示するために、Realmに保存したすべてのツイートを取得しid順に表示します（**図19.3**）。

> 💡 **【サンプル】**
> サンプル/19-04_タイムラインを表示する/TwitterTimeLine.xcodeproj

○リスト19.22：ツイートのモデル定義に1対1の関連でエンティティズを追加（Tweet.swift）

```
dynamic var entities: Entities? // ハッシュタグやURLなどの追加情報
```

○リスト19.23：文字列の属性を返すデフォルト実装（Entities.swift）

```
// 各エンティティモデルに定義できる文字列の属性を返すためのデフォルト実装です。
var attributes: [String: Any]? { return nil }
```

○リスト19.24：ハッシュタグの文字列属性（Entities.swift）

```
override var attributes: [String : Any]? {
    return [NSForegroundColorAttributeName: UIColor.lightGray] // 文字色はライトグレー
}
```

第19章:基本動作の開発

○リスト 19.25:各エンティティの属性から属性文字列を生成(Tweet.swift)

```swift
// エンティティから文字色などが反映されている属性文字列を生成して返す。
var attributedText: NSAttributedString {
    let attrStr = NSMutableAttributedString(string: text)
    // エンティティズがなければ属性は追加しない
    guard let entities = entities else { return attrStr }
    // 各エンティティの文字色属性を追加する関数
    func addAttribute(entity: Entity) {
        guard let attributes = entity.attributes else { return }
        attrStr.addAttributes(attributes, range: entity.range)
    }

    for entity in entities.hashtags { // ハッシュタグの文字色属性を追加
        addAttribute(entity: entity)
    }
    for entity in entities.user_mentions { // メンションの文字色属性を追加
        addAttribute(entity: entity)
    }
    for entity in entities.urls { // URLの文字色属性を追加
        addAttribute(entity: entity)
    }
    for entity in entities.media { // メディアの文字色属性を追加
        addAttribute(entity: entity)
    }

    return attrStr
}
```

○リスト 19.26:属性文字列を UI に反映(TweetCell.swift)

```
bodyLabel.attributedText = tweet.attributedText
```

○図 19.3:タイムラインを表示する

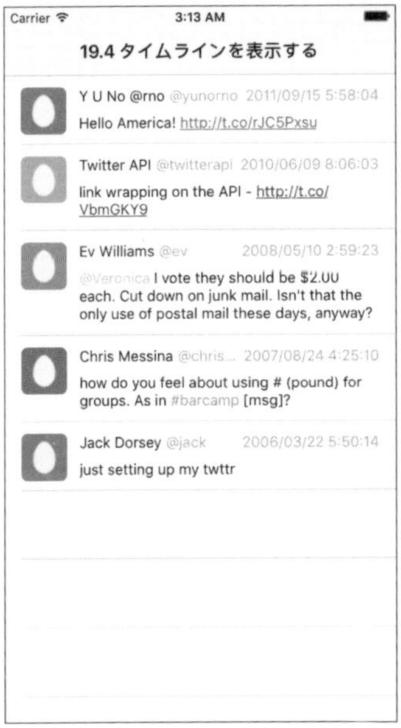

保存してあるすべてのツイートを取得する

　Realmのobjects()を使用し、すべてのツイートが含まれるResults<Tweet>を取得できます（リスト19.27、参照 8.2：検索結果（Resultsクラス））。

ツイートをソートする

　ツイートはidの大きいほうが新しいツイートになります。タイムラインの最上部が最新ツイートになるようにツイートを降順にソートしてみます。id順にソートするには取得したResults<Tweet>に対してsorted(byKeyPath:ascending:)を行います（リスト19.28）。
　objects()やsorted(byKeyPath:ascending:)はResultsを返すため、リスト19.29のように「.」をつなげて次々に関数を実行していくメソッドチェーンと呼ばれる記述方法も可能です。

タイムラインを表示する

　tweetsプロパティを設けて、初期化時にRealmに保存してあるすべてのツイートをid順にソートしたResults<Tweet>を保持するようにします（リスト19.30）。Results<Tweet>は自動更新されるのでtweetsは常にRealmデータベース内にあるすべてのツイートを参照が可能になります。

19.5 通知を使いツイートを動的に更新する

　実際のTwitterのタイムラインですと、新しいツイートを取得したらそれをすぐタイムラインに反映させるのが望ましいです。
　そこで、新しいツイートモデルがRealmデータベースに追加されると、アニメーション付きで動的にタイムラインを更新するように改善してみます。

○リスト19.27：すべてのツイートの取得（TimeLineViewController.swift）

```
let realm = try! Realm()
var tweets = realm.objects(Tweet.self) // Realm内にあるTweetモデルをすべて取得する
```

○リスト19.28：idで降順ソート（TimeLineViewController.swift）

```
let realm = try! Realm()
var tweets = realm.objects(Tweet.self) // Realm内にあるTweetモデルをすべて取得する
tweets = tweets.sorted(byKeyPath: "id",
                       ascending: false) // idで降順ソートする
```

○リスト19.29：メソッドチェーン（記述例）

```
let realm = try! Realm()
let tweets = realm.objects(Tweet.self).sorted(byKeyPath: "id", ascending: false)
```

○リスト19.30：タイムラインを表示（TimeLineViewController.swift）

```
let tweets: Results<Tweet>

// Storyboardからの初期化で呼ばれる。
required init?(coder aDecoder: NSCoder) {
    let realm = try! Realm()

    var tweets = realm.objects(Tweet.self) // Realm内にあるTweetモデルをすべて取得する
    tweets = tweets.sorted(byKeyPath: "id",
                           ascending: false) // idで降順ソートする
    self.tweets = tweets

    super.init(coder: aDecoder)
}

// tableViewの行(row)の数を返す。
override func tableView(_ tableView: UITableView,
                        numberOfRowsInSection section: Int) -> Int {
    return tweets.count
}

// 特定のセクションと行(IndexPath)のcellを返す。
override func tableView(_ tableView: UITableView,
                        cellForRowAt indexPath: IndexPath) -> UITableViewCell {
    let cell = tableView.dequeueReusableCell(withIdentifier: "Cell",
                                             for: indexPath) as! TweetCell

    // Resultsからツイートを取得する。
    let tweet = tweets[indexPath.row]

    cell.configure(tweet: tweet)

    return cell
}
```

新しいツイートの追加を仮想的に実現するために、ツイートを追加するボタンを新たに追加します（図19.4）。

> 【サンプル】
> サンプル/19-05_通知を使いツイートを動的に更新する/TwitterNotification.xcodeproj

ツイートの追加ボタンを作成する

Storyboardにツイートを追加するボタンとaddTweets()を追加します（リスト19.31）。ツイートのDictionaryの生成には、新たに仮想のTwitter APIのリクエストを行うTwitterAPIClientが追加してあります。

○図19.4：「ツイートを追加」ボタンを追加

○リスト 19.31：ツイートの追加（TimeLineViewController.swift）

```
@IBAction func addTweets() {
    let tweetJSON = TwitterAPIClient.requestTweet()

    let realm = try! Realm()
    try! realm.write {
        // JSONオブジェクトからTweetモデルを生成する。
        let tweet = Tweet(value: tweetJSON)

        /*
        TweetモデルをRealmに追加する。
        TweetモデルはprimaryKeyがあり、重複して追加される可能性もあるため、
        updateをtrueにします。
        */
        realm.add(tweet, update: true)
    }
}
```

検索結果に対する変更通知を追加する

　新たなツイートモデルがRealmの保存されたタイミングで、テーブルビューを更新する仕組みを実装します（**リスト 19.32**）。tweetsの変更通知ハンドラを追加し、ハンドラ内で受け取れる変更内容からUIを更新します（参照 11.1：通知とは）。

　これでツイートを追加するボタンを押すたびに、アニメーション付きで動的にタイムラインのツイートが追加されるようになります。

通知の停止

　NotificationTokenは通知が必要でなくなったタイミングでstop()を呼び出して通知を停止させる必要があります。サンプルは1画面しかないので、通知を停止する必要はないのですが、TimeLineViewControllerのdeinit()（インスタンスの破棄）のタイミングでstop()を追加しています（**リスト 19.33**）。

19.6 ツイートをバックグラウンドスレッドで追加する

　現時点ではツイートの追加処理は低コスト（処理が軽い）ですが、今後複雑になることを見越してツイートモデルの追加をバックグラウンドで行うように変更してみます（**図 19.5**）。

> 【サンプル】
> サンプル/19-06_ツイートをバックグラウンドスレッドで追加する/TwitterBackground.xcodeproj

○リスト19.32：検索結果に対する変更通知を追加（TimeLineViewController.swift）

```
let tweets: Results<Tweet>
var notificationToken: NotificationToken?

/*
 Storyboardからの初期化で呼ばれる。
 */
required init?(coder aDecoder: NSCoder) {
    let realm = try! Realm()
    // すべてのツイートを取得し、idで降順ソートする。
    tweets = realm.objects(Tweet.self).sorted(byKeyPath: "id", ascending: false)

    super.init(coder: aDecoder)

    /*
     tweetsが変更されたときの通知を追加する。
     addNotificationBlock()はNotificationTokenを返し、
     通知を有効にする期間は強参照で保持する必要がある。
     */
    notificationToken = tweets.addNotificationBlock {
                          [weak self] (changes: RealmCollectionChange) in
        guard let tableView = self?.tableView else { return }
        switch changes {
        case .initial:
            // 通知に追加時に呼ばれる。このタイミングではサンプルは何もしない。
            break
        case .update(_, let deletions, let insertions, let modifications):
            /*
             tweetsが更新されたら呼ばれる。
             deletionsは削除された行、insertionsは挿入された行、
             modificationsは更新された行のインデックスが含まれている。
             これらを適宜IndexPathに変更してtableViewを更新する。
             */
            tableView.beginUpdates()
            tableView.insertRows(at: insertions.map({
                                    IndexPath(row: $0, section: 0) }),
                                 with: .automatic)
            tableView.deleteRows(at: deletions.map({
                                    IndexPath(row: $0, section: 0)}),
                                 with: .automatic)
            tableView.reloadRows(at: modifications.map({
                                    IndexPath(row: $0, section: 0) }),
                                 with: .automatic)
            tableView.endUpdates()
        case .error(let error):
            // エラー時に呼ばれる。
            fatalError("\(error)")
            break
        }
    }
}
```

○リスト19.33：通知の停止（TimeLineViewController.swift）

```
deinit {
    notificationToken?.stop()
}
```

○図19.5：ツイートをバックグラウンドスレッドで追加する

バックグラウンドスレッドで実行するように変更する

　iOSには非同期でタスクを実行するためにGrand Central Dispatch（GCD）という仕組みが用意されています。非同期でRealmの操作を行いたい場合、一番簡単な方法はDispatchQueueクラスのglobal()を使用する方法です。

　リスト19.34のDispatchQueue.global().async()の引数に渡すクロージャ内が非同期に実行される部分になります。注意する点はRealmインスタンスはスレッドをまたぐことができないので、必ずクロージャ内でRealmインスタンスを生成する必要があります（参照 10.2：異なるスレッド間でのオブジェクトの制約）。

変更通知について

　ツイートモデルの追加を非同期に行うように変更しました。

　さて、ここでaddNotificationBlock()で追加した変更通知ハンドラは何か対応が必要なのでしょうか？　答えは何も変更する必要はありません。これはRealmの素晴らしい機能の1つで、データベースの更新は同期／非同期を問わずに安全に実行できます（参照 10.1：データの整合性（一貫性））。そして、通知も適切なタイミングで呼ばれることになります（参照 11.1：通知とは）。

○リスト19.34：ツイートの追加をバックグラウンドスレッドで実行（TimeLineViewController.swift）

```swift
// GCDの非同期のグローバルキューでRealmの操作を実行する。
DispatchQueue.global().async {
    let realm = try! Realm() // 非同期のスレッド内でRealmを生成する。
    try! realm.write {
        // JSONからTweetモデルを生成する。
        let tweet = Tweet(value: tweetJSON)

        // TweetモデルをRealmに追加する。
        // TweetモデルはprimaryKeyがあり、重複して追加される可能性もあるため、updateをtrueにします。
        realm.add(tweet, update: true)
    }
}
```

19.7　ツイートを削除する

　データベースからツイートモデルの削除に対応します（図19.6）。

○図19.6：ツイートを削除する

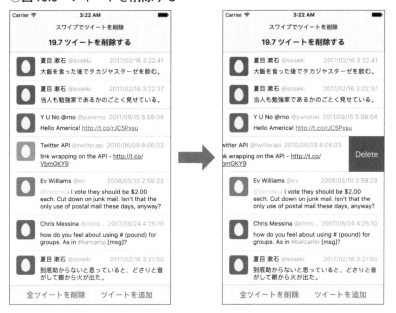

　モデルを削除する場合は、関連モデルの削除についても考える必要があります。具体的には、ツイートモデルだとユーザモデルとエンティティズモデルについてです。ユーザモデルとツイートモデルは1対多の関連で、エンティティズモデルとツイートは1対1の関連です。ツイートを削除するのとともに、1対多、1対1の関連するモデルオブジェクトの削除についても対応します。

> 【サンプル】
> サンプル/19-07_ツイートを削除する/TwitterDeletion.xcodeproj

逆方向の関連を追加する

　ユーザのモデル定義にツイートモデルへの逆方向の関連を追加します（リスト19.35、参照 5.2：プロパティ - 逆方向の関連（LinkingObjectsクラス））。これはユーザモデルが削除できるかどうかを確認するために使用します。

○リスト19.35：ユーザのモデル定義に逆方向の関連を追加（User.swift）

```
class User: Object {
    // ツイートモデルへの逆方向の関連
    let linkingTweets = LinkingObjects(fromType: Tweet.self,
                                      property: "user")
}
```

ツイートの削除を追加する

ツイートの削除関数を追加します（ 参照 7.5：モデルオブジェクトの削除）。ついでにRealmの操作が複雑になってきたのでTwitterStoreクラスを新たに作り、TimeLineViewController内に実装していたツイートの追加関数も整理しました。

エンティティズモデルはツイートモデルと1対1の関連で、エンティティモデルはエンティティズモデルと1対1の関連です。1対1の関連の場合はそのまま単純に削除して問題ないです（リスト19.36）。

1対多の関連であるユーザモデルの削除について考えます。ユーザモデルはプライマリキーがあり一意のため、複数のツイートモデルに関連付けられている可能性があります。仮にユーザモデルを1対1の関連のように単純に削除してしまうと、同じユーザと関連を持っているその他のツイートモデルのユーザがなくなってしまいます。そこで、ツイートモデルを削除後にユーザモデルの逆方向の関連であるツイートモデルの個数を確認し、1つも逆方向の関連がない場合にユーザモデルを削除します。

1つ注意が必要なのが、ツイートモデルを削除する前にtweet.userの参照を保持する必要があります（リスト19.37）。これはツイートモデルを削除した時点で無効なモデルとなり（tweet.isInvalidated == true）ツイートモデルのuserプロパティにアクセスできなくなるからです。

○リスト19.36：エンティティズモデルとエンティティモデルの削除（TwitterStore.swift）

```
if let entities = tweet.entities {
    // エンティティモデルを削除する。
    realm.delete(entities.hashtags)
    realm.delete(entities.user_mentions)
    realm.delete(entities.urls)
    realm.delete(entities.media)

    // エンティティズモデルを削除する。
    realm.delete(entities)
}
```

○リスト19.37：ユーザモデルの削除（TwitterStore.swift）

```
// ツイートモデルを削除する前にユーザモデルへの参照を保持する。
let user = tweet.user

// ツイートを削除する
realm.delete(tweet)

if let user = user,
    user.linkingTweets.count == 0 // 逆方向の関連のツイートモデルがない
{
    realm.delete(user)
}
```

> ！ この削除方法はあくまでも一例です。実際のアプリ開発では、アプリの要件に合う削除方法を適宜考える必要があります。

削除コード全体はリスト19.38のようになります。外部からアクセスするパブリックな削除関数は、単体と複数の両方の引数が受け取られるようにリスト19.39のように実装します。

○リスト19.38：ツイートの削除（TwitterStore.swift）

```
private static func deleteTweet(realm: Realm, tweet: Tweet) {
    if let entities = tweet.entities {
        // エンティティモデルを削除する。
        realm.delete(entities.hashtags)
        realm.delete(entities.user_mentions)
        realm.delete(entities.urls)
        realm.delete(entities.media)

        // エンティティズモデルを削除する。
        realm.delete(entities)
    }
    /*
     ツイートモデルを削除する前にユーザモデルへの参照を保持する。
     これはツイートモデルを削除した時点でtweet.isInvalidated = trueとなり
     tweet.userにアクセスできなくなるため。
     */
    let user = tweet.user

    // ツイートを削除する
    realm.delete(tweet)

    /*
     ユーザモデルを削除する。
     ユーザモデルにはプライマリキーがあり一意なので、複数のツイートモデルに
     関連付けられている可能性がある。
     そこで、逆方向の関連のツイートモデルがない場合のみ削除する。
     */
    if let user = user,
        user.linkingTweets.count == 0 // 逆方向の関連のツイートモデルがない
    {
        realm.delete(user)
    }
}
```

○リスト19.39：単数と複数が渡せる削除関数（TwitterStore.swift）

```
public static func deleteTweet(_ tweet: Tweet) {
    let realm = try! Realm()
    try! realm.write {
        deleteTweet(realm: realm, tweet: tweet)
    }
}
public static func deleteTweet<S: Sequence>(_ tweets: S)
                                   where S.Iterator.Element: Tweet {
    let realm = try! Realm()
    try! realm.write {
        for tweet in tweets {
            deleteTweet(realm: realm, tweet: tweet)
        }
    }
}
```

削除ボタンの追加

現在タイムラインに表示している全ツイートを削除するUIとして、Storyboardに全ツイートを削除するボタンとそのアクションであるdeleteAllTweets()を追加します（**リスト19.40**）。

ツイートを個別に削除する方法として、UITableViewの機能であるセルをスワイプしたときに削除ボタンが出る方法を利用します（**リスト19.41**）。

◯リスト19.40：全ツイートモデルを削除する（TimeLineViewController.swift）

```
@IBAction func deleteAllTweets() {
    // tweetsをすべてを削除する
    TwitterStore.deleteTweet(tweets)
    
    /* 削除に対するUIの更新は変更通知ハンドラ内で行われます。 */
}
```

◯リスト19.41：セルをスワイプして削除ボタンを表示するUIを追加
（TimeLineViewController.swift）

```
// 編集可能なセルのIndexPathを返す。
override func tableView(_ tableView: UITableView,
                        canEditRowAt indexPath: IndexPath) -> Bool {
    return true
}

// 編集の実装
override func tableView(_ tableView: UITableView,
                        commit editingStyle: UITableViewCellEditingStyle,
                        forRowAt indexPath: IndexPath) {
    if editingStyle == .delete {
        let tweet = tweets[indexPath.row]
        TwitterStore.deleteTweet(tweet)
        
        /* 削除に対するUIの更新は変更通知ハンドラ内で行われます。 */
    }
}
```

カスケード削除について

データベースにはカスケード削除と呼ばれる関連に対する削除ルールの設定ができるものがあります。削除ルールは、例えば1対1の関連で関連元が削除された場合に関連先は残したり、一緒に削除したりするなどというルールです。

残念ながら最新版（2017年1月30日現在）のRealmSwift（2.4.2）でもカスケード削除には未対応です。将来的には実装の予定はあるとアナウンスされていますが、現在は前述の方法ように手動で関連を削除する必要があります。

19.8 タイムラインをフィルタリングする

Realmのクエリを利用すれば簡単にタイムラインから目的のツイートのみをフィルタリングできます。それでは特定の文字列が含まれているツイートのみを表示してみましょう（図19.7）。

○図19.7：タイムラインをフィルタリングする

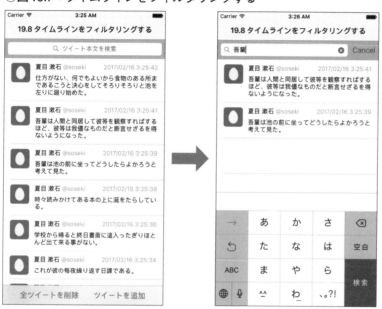

> 【サンプル】
> サンプル/19-08_タイムラインをフィルタリングする/TwitterFilter.xcodeproj

検索バーを追加する

検索する文字列を入力するための検索バーをStoryboardに追加します。TimeLineViewControllerはUISearchBarDelegateに準拠し、いくつかのデリゲート関数に対応します。これで検索バーに文字列を入力したり削除したりなどUI部分に対応できます（**リスト19.42**）。

ツイートの更新

前回までは、Realmに保存しているすべてのツイートモデルを取得し表示していましたが、フィルタリングに対応するには、フィルタリングする文字列によってタイムラインのツイートを変更する必要があります。そこで、ツイートの更新を関数として切り分けいくつかのタイミングで実行するように変更します。

リスト19.43は検索バーの文字列からタイムラインのツイートをフィルタリングするコードです。filter()内で使用している構文は、8.3：クエリ（検索条件）を参照してください。

全体のコードは**リスト19.44**のとおりです。ツイートの更新タイミングは、初期化時と検索文字列が変更されたタイミングになります（**リスト19.45**）。

○リスト19.42：検索バーの追加（TimeLineViewController.swift）

```swift
// MARK: - Search

@IBOutlet weak var searchBar: UISearchBar!

// MARK: - UISearchBarDelegate

// キーボードの決定ボタン(Search)を押した後に呼ばれる。
public func searchBarSearchButtonClicked(_ searchBar: UISearchBar) {
    searchBar.resignFirstResponder() // キーボードを閉じる
}

// 検索バーのキャンセルボタンが押された後に呼ばれる。
public func searchBarCancelButtonClicked(_ searchBar: UISearchBar) {
    clearSearchBar()
    searchBar.resignFirstResponder() // キーボードを閉じる
}

// 検索バーの文字列が変更された後に呼ばれる。
public func searchBar(_ searchBar: UISearchBar,
                      textDidChange searchText: String) {
    // 文字列が入力されているかでキャンセルボタンの表示を切り替える。
    searchBar.setShowsCancelButton(searchText.characters.count > 0,
                                   animated: true)
}

// MARK: -

// 検索文字列をクリアする。
private func clearSearchBar() {
    searchBar.text = ""

    // searchBar.textを直接変更したので明示的にデリゲートメソッドを呼び出す。
    self.searchBar(searchBar, textDidChange: "")
}
```

○リスト19.43：ツイートのフィルタリング（TimeLineViewController.swift）

```swift
// すべてのツイートを取得し、idで降順ソートする。
var tweets = realm.objects(Tweet.self)
                  .sorted(byKeyPath: "id", ascending: false)

/*
 searchBarにフィルタリングする文字列が存在する場合は、
 ツイートモデルのtextに単語が含まれているかでフィルタリングする。
 */
if let searchBar = searchBar {
    /*
     スペースなどのホワイトスペースでtextを分割する。
     分割してfilter()することで論理積(AND)でフィルタリングできる。
     */
```

（次ページにつづく）

（前ページのつづき）

```
        let queries = searchBar.text?
                            .components(separatedBy: CharacterSet.whitespaces)
    {
        for query in queries {
            /*
             CONTAINSはその文字列が含まれているかを
             比較するNSPredicateで定義されている構文。
             [c]は文字列比較のオプションで大文字・小文字の
             区別なし(case-insensitive)で比較を行う。
             */
            tweets = tweets.filter("text CONTAINS[c] %@", query)
        }
    }
    self.tweets = tweets
```

○リスト19.44：タイムラインのツイートを更新（TimeLineViewController.swift）

```
private func updateTweets() {
    let realm = try! Realm()
    
    // すべてのツイートを取得し、idで降順ソートする。
    var tweets = realm.objects(Tweet.self)
                      .sorted(byKeyPath: "id", ascending: false)
    
    /*
     searchBarにフィルタリングする文字列が存在する場合は、
     ツイートモデルのtextに単語が含まれているかでフィルタリングする。
     */
    if let searchBar = searchBar,
        /*
         スペースなどのホワイトスペースでtextを分割する。
         分割してfilter()することで論理積(AND)でフィルタリングできる。
         */
        let queries = searchBar.text?
                            .components(separatedBy: CharacterSet.whitespaces)
    {
        for query in queries {
            /*
             CONTAINSはその文字列が含まれているかを
             比較するNSPredicateで定義されている構文。
             [c]は文字列比較のオプションで大文字・小文字の
             区別なし(case-insensitive)で比較を行う。
             */
            tweets = tweets.filter("text CONTAINS[c] %@", query)
        }
    }
    
    self.tweets = tweets
    
    /*
     tweetsが変更されたときの通知を追加する。
     Results.addNotificationBlock()はNotificationTokenを返し、
     通知を有効にする期間は強参照で保持する必要がある。
     */
    notificationToken = tweets.addNotificationBlock {
                        [weak self] (changes: RealmCollectionChange) in
        guard let strongSelf = self else { return }
        if !strongSelf.isViewLoaded { return }
        guard let tableView = strongSelf.tableView else { return }
```

（次ページにつづく）

Part4：実装編〜Twitter クライアントを作る

（前ページのつづき）

```
        switch changes {
        case .initial:
            /*
                addNotificationBlock()の初期化時に呼び出される。
                フィルタリング後に呼ばれる可能性があるので、
                tableView.reloadData()を行う。
            */
            tableView.reloadData()
        case .update(_, let deletions, let insertions, let modifications):
            /*
                tweetsが更新されたら呼ばれる。
                deletionsは削除された行、insertionsは挿入された行、
                modificationsは更新された行のインデックスが含まれている。
                これらを適宜IndexPathに変更してtableViewを更新する。
            */
            tableView.beginUpdates()
            tableView.insertRows(at: insertions.map({
                                    IndexPath(row: $0, section: 0) }),
                                 with: .automatic)
            tableView.deleteRows(at: deletions.map({
                                    IndexPath(row: $0, section: 0)}),
                                 with: .automatic)
            tableView.reloadRows(at: modifications.map({
                                    IndexPath(row: $0, section: 0) }),
                                 with: .automatic)
            tableView.endUpdates()
        case .error(let error):
            // エラー時に呼ばれる。
            fatalError("\(error)")
            break
        }
    }
}
```

○リスト 19.45：ツイートの更新タイミング（TimeLineViewController.swift）

```
// Storyboardからの初期化で呼ばれる。
required init?(coder aDecoder: NSCoder) {
    super.init(coder: aDecoder)
    updateTweets()  // tweetsを更新する。
}

// 検索バーの文字列が変更された後に呼ばれる。
public func searchBar(_ searchBar: UISearchBar,
                        textDidChange searchText: String) {
    // 文字列が入力されているかでキャンセルボタンの表示を切り替える。
    searchBar.setShowsCancelButton(searchText.characters.count > 0,
                                    animated: true)
    updateTweets()  // tweetsを更新する。
}
```

第20章 応用的な開発

ひととおり動作するようになりました。本章では仕様変更によるマイグレーション対応や複数ユーザのログインなどについて説明します。なお、前章に引き続きサンプルソースをダウンロードしてXcodeでプロジェクトを開いてから読み進めることをおすすめします。

20.1 関連付いていないモデルの削除

実は前章のサンプルでは、削除できない関連のモデルオブジェクトが発生するケースがあります（図20.1）。それはエンティティズモデルを含むツイートを重複して追加した場合に、エンティティズモデルとエンティティモデルは新たに生成されるため、Realmデータベースには古いモデルオブジェクトが残ってしまいます（図20.2）。古いモデルオブジェクトはどのツイートにも関連付いていないので、ツイートモデルの削除時にも削除されることはありません。

解決方法はいくつか考えられるのですが、その中の一つで関連付いていないモデルを一括削除する方法を紹介します。

> 【サンプル】
> サンプル/20-01_関連付いていないモデルの削除/TwitterUnrelated.xcodeproj

逆方向の関連を追加する

各モデルに逆方向の関連を追加します。これはそのモデルが削除できるかどうかを確認するために使用します。エンティティズモデルにツイートモデルへの逆方向の関連を追加します（リスト20.1）。

各エンティティモデルにエンティティズモデルへの逆方向の関連を追加します（リスト20.2）。

関連付いていないモデルを一括削除する

関連付いていないモデルを取得するためにはfilter()を使用します。LinkingObjectsからもクエリは使用できるので、逆方向の関連の個数を確認することで関連付いていないモデルを取得します。filter()内で使用している構文は、8.3：クエリ（検索条件）を参照してください。

○図20.1：削除されないモデルオブジェクト

○図20.2：削除されないモデルオブジェクト

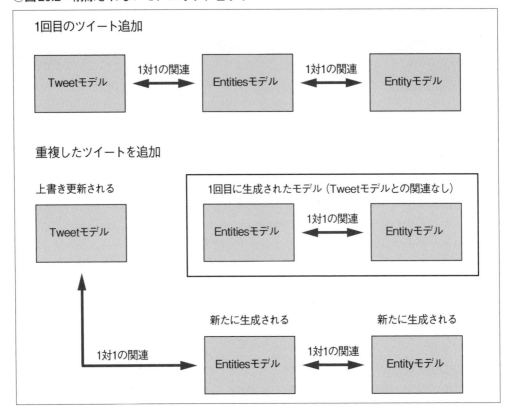

○リスト20.1：エンティティズモデルにツイートモデルへの逆方向の関連を追加（Entities.swift）

```
class Entities: Object {
    // ツイートモデルへの逆方向の関連
    let linkingTweets = LinkingObjects(fromType: Tweet.self,
                                      property: "entities")
}
```

エンティティモデルのfilter()ではNSPredicateクラスを使用しています（リスト20.3）。エンティティズモデルへの逆方向の関連プロパティ名をlinkingEntitiesに統一し、同一のNSPredicateを使用できるようにしてコードを簡略化しています。

関連付いていないエンティティズモデルの数を確認する通知を追加する

視覚的に関連付いていないエンティティズモデルの数を確認できるようにnavigationItem.promptに記載します。Realmの変更通知を利用し、変更があるたびに関連付いていないエンティティズモデルの数を確認して反映するようにします（リスト20.4）。

○リスト20.2：各エンティティモデルにエンティティズモデルへの逆方向の関連を追加
（Entities.swift）

```swift
class Hashtag: Entity {
    // エンティティズモデルへの逆方向の関連
    let linkingEntities = LinkingObjects(fromType: Entities.self,
                                         property: "hashtags")
}

class UserMention: Entity {
    // エンティティズモデルへの逆方向の関連
    let linkingEntities = LinkingObjects(fromType: Entities.self,
                                         property: "user_mentions")
}

class EntityURL: Entity {
    // エンティティズモデルへの逆方向の関連
    let linkingEntities = LinkingObjects(fromType: Entities.self,
                                         property: "urls")
}

class Media: Entity {     // エンティティズモデルへの逆方向の関連
    let linkingEntities = LinkingObjects(fromType: Entities.self,
                                         property: "media")
}
```

○リスト20.3：関連づいていないエンティティズモデルを削除（TwitterStore.swift）

```swift
public static func deleteUnrelatedEntities() {
    let realm = try! Realm()
    try! realm.write {
        /*
        どのツイートモデルにも関連づいていないエンティティズモデルを削除する。
        発生の原因は、すでにRealm内に存在するツイートモデルが更新されたときに
        すでにRealm内に存在するツイートモデルが更新されたときに
        新しくエンティティズモデルが作られるので、その際に古いエンティティズモデルが
        どのツイートモデルにも関連付いていないデータとして残ってしまう。
        */
        realm.delete(realm.objects(Entities.self)
                          .filter("linkingTweets.@count == 0"))
        
        /*
        どのエンティティズモデルにも関連づいていないエンティモデルを削除する。
        これも上記のエンティティズモデルと同じ理由です。
        */
        let predicate = NSPredicate(format: "linkingEntities.@count == 0")
        realm.delete(realm.objects(Hashtag.self).filter(predicate))
        realm.delete(realm.objects(UserMention.self).filter(predicate))
        realm.delete(realm.objects(EntityURL.self).filter(predicate))
        realm.delete(realm.objects(Media.self).filter(predicate))
    }
}
```

○リスト20.4：関連付いていないエンティティズモデルの数を確認する通知を追加
（TimeLineViewController.swift）

```swift
var unrelatedEntitiesNotificationToken: NotificationToken?

// Storyboardからの初期化で呼ばれる。
required init?(coder aDecoder: NSCoder) {
    super.init(coder: aDecoder)
    updateTweets() // tweetsを更新する。

    /*
     関連付いていないEntitiesの数を確認する通知を追加する。
     */
    let realm = try! Realm()

    let updatePrompt = { [weak self] (realm: Realm) in
        let count = realm.objects(Entities.self)
                        .filter("linkingTweets.@count == 0").count
        self?.navigationItem.prompt = "関連付いていないEntitiesの数： \(count)"
    }

    /*
     Realm.addNotificationBlock()はResults.addNotificationBlock()と違い
     initial時にクロージャは呼び出されないため、1回明示的に実行する。
     */
    updatePrompt(realm)

    unrelatedEntitiesNotificationToken = realm.addNotificationBlock {
                                                  (notification, realm) in
        updatePrompt(realm)
    }
}
```

その他の解決方法

　その他の解決方法としては、重複したツイートを追加してもそもそも古いエンティティズモデルとエンティティモデルを発生させない方法が考えられます。一番簡単なのはプライマリキーを追加することです。その場合はEntitiesクラスを抽象クラスのEntityのようにinit()系をオーバーライドし、ツイートのidをプライマリキーにします。各エンティティモデルはEntitiesクラスの初期化時にマッピングし、それぞれプライマリキーを追加します。エンティティモデルはエンティティズモデルと1対多の関連になっているので、プライマリキーに配列番号などを付与するなどの工夫は必要です。

　このように古いモデルオブジェクトが発生しないようにする方法も初期化部分をかなり修正する必要があるので、関連付いていないモデルを一括削除する方法と比べても一長一短があります。これらは各アプリの要件に合う方法を選択するのが望ましいです。

　Realmがカスケード削除に対応した場合には初期化をカスタマイズすることなく古いオブジェクトを削除でき、より簡単にこれらの問題が解決する可能性があります（参照 19.7：ツイートを削除する−カスケード削除について）。

20.2 仕様変更のマイグレーションに対応する

Realmのモデル定義を変更した場合には、古いモデル定義のRealmファイルを新しいモデル定義のRealmファイルへマイグレーションをする必要があります（参照 第13章：マイグレーション）。

そこで、本節では、起動時にマイグレーションが必要な状況を作り、マイグレーション処理の実行をテストしてみます（図20.3）。

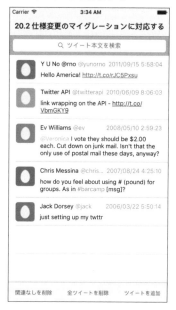

○図20.3：仕様変更のマイグレーションに対応する

【サンプル】
サンプル/20-02_仕様変更のマイグレーションに対応する/TwitterMigration.xcodeproj

古いRealmファイルを設定する

サンプルには仕様変更前の古いRealmファイルでdefault-old.realmを追加してあります。defualt-old.realmは「17.4：初期データの入ったRealmファイルをアプリに組み込む」のサンプルを使用して作成しています。古いRealmファイルを初回のRealmインスタンスを生成する前にデフォルトRealmのファイルパスに移動することで、Realmは古いRealmファイルを使用することになります（リスト20.5）。

ツイートモデルの仕様変更

ツイートモデルに新たにid_strを追加します。リスト20.6はidの文字列版です（あまり意味のないプロパティの追加ですが、単純な例としてご容赦ください）。これでモデル定義（スキーマ）が変更されたのでマイグレーションを行う必要が出てきます。モデル定義を変更したのに、適切なマイグレーションを実行しないと例外が発生します。

マイグレーションを追加する

前回までのサンプルではスキーマバージョンを設定してなかったので旧スキーマバージョンは0になります。新しいスキーマバージョンは必ず旧スキーマバージョンより高い数値にする必要があるので、サンプルでは1にします。

デフォルトRealmに対してマイグレーションを追加したいので、Realm.Configuration.defaultConfigurationにマイグレーションを追加したConfigurationを設定します（リスト20.7）。

○リスト20.5：旧スキーマバージョンのRealmファイルを追加（AppDelegate.swift）

```swift
/*
 プロジェクトに含んでいる旧スキーマバージョンのRealmファイル(default-old.realm)
 をデフォルトRealmのディレクトリに移動する。default-old.realmにはツイートなどが
 保存されています。これで起動時に旧Realmファイルを存在させることができ、
 マイグレーションが必要な状況を作ることができます。
 */
let defaultURL = Realm.Configuration.defaultConfiguration.fileURL!
let oldRealmURL = Bundle.main.url(forResource: "default-old",
                                  withExtension: "realm")!

let fileManager = FileManager.default

// デフォルトRealmファイルがあれば削除
if fileManager.fileExists(atPath: defaultURL.path) {
    try! fileManager.removeItem(at: defaultURL)
}

/*
 デフォルトRealmファイルのファイルパスに、古いRealmファイルをコピーします。
 これでRealmは古いRealmファイルを使用することになります。
 */
try! fileManager.copyItem(at: oldRealmURL, to: defaultURL)
```

○リスト20.6：新しいプロパティ定義でidの文字列版を追加（Tweet.swift）

```swift
dynamic var id_str = "" // 一意のIDの文字列
```

○リスト20.7：スキーマバージョンとマイグレーションハンドラを設定に追加（AppDelegate.swift）

```swift
func configureMigration() {
    // 新しいスキーマバージョン。旧スキーマバージョンより高い数値にする必要がある。
    let newSchemaVersion: UInt64 = 1

    let migrationBlock: MigrationBlock = { migration, oldSchemaVersion in
        /* マイグレーション処理を記述 */
    }

    // デフォルトConfigurationに設定する。
    Realm.Configuration.defaultConfiguration =
            Realm.Configuration(schemaVersion: newSchemaVersion,
                                migrationBlock: migrationBlock)
}
```

マイグレーション処理を追加する

　migrationBlockのクロージャは引数にMigrationクラスのインスタンスが渡されます。MigrationクラスのenumerateObjects(ofType:_:)でモデルクラスの新旧オブジェクトを列挙できるので、それを使用してデータの移行処理を行います。

　今回必要なマイグレーション処理はidを元にid_strを生成してセットすることです。旧ツイートモデルオブジェクトからidを取得し、新ツイートモデルオブジェクトにセットします（リスト20.8）。全体のコードはリスト20.9のとおりです。

○リスト20.8：マイグレーション処理を追加（AppDelegate.swift）

```swift
let migrationBlock: MigrationBlock = { migration, oldSchemaVersion in
    // 旧スキーマバージョンを確認する
    if oldSchemaVersion < newSchemaVersion {
        /*
         指定したモデルクラスの新旧オブジェクトを列挙する。
         モデルオブジェクトのプロパティには添え字(KVC)でアクセスできる。
         */
        migration.enumerateObjects(ofType: Tweet.className()) {
                                                oldObject, newObject in
            guard let oldObject = oldObject else { return }
            // 新たにid_strプロパティを追加したので、idを元にid_strをセットする。
            let id = oldObject["id"] as! Int
            newObject?["id_str"] = String(id)
        }
    }
}
```

○リスト20.9：マイグレーション（AppDelegate.swift）

```swift
// 新しいスキーマバージョン。旧スキーマバージョンより高い数値にする必要がある。
let newSchemaVersion: UInt64 = 1

let migrationBlock: MigrationBlock = { migration, oldSchemaVersion in
    print("マイグレーション処理開始")
    // 旧スキーマバージョンを確認する
    if oldSchemaVersion < newSchemaVersion {
        /*
         指定したモデルクラスの新旧オブジェクトを列挙する。
         モデルオブジェクトのプロパティには添え字(KVC)でアクセスできる。
         */
        migration.enumerateObjects(ofType: Tweet.className()) {
                                                oldObject, newObject in
            guard let oldObject = oldObject else { return }
            // 新たにid_strプロパティを追加したので、idを元にid_strをセットする。
            let id = oldObject["id"] as! Int
            newObject?["id_str"] = String(id)
        }
    }
    print("マイグレーション完了")
}

// デフォルトConfigurationに設定する。
Realm.Configuration.defaultConfiguration =
                Realm.Configuration(schemaVersion: newSchemaVersion,
                                    migrationBlock: migrationBlock)
```

20.3 複数ユーザのログインに対応する

　Twitterを複数のユーザでログインできるように改善します（図20.4）。複数ユーザに対応する場合は、Realmファイル自体を切り替えることで簡単に対応できます（参照 12.2：Realmの各種設定 - Realmファイルの保存先）。

○図20.4:複数ユーザのログインに対応する

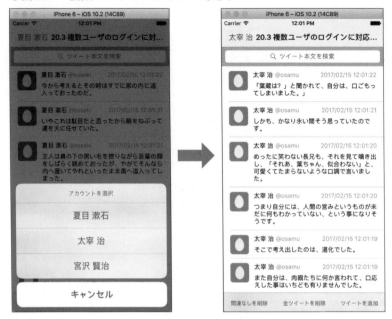

> 【サンプル】
> サンプル/20-03_複数ユーザのログインに対応する/TwitterMultiple.xcodeproj
> ※このサンプルはサンプル/20-01_関連付いていないモデルの削除/TwitterUnrelated.xcodeprojをベースに変更しています。

ログインユーザを追加

ログインユーザの切り替えを行うためにTweetSampleのcaseを追加します(リスト20.10)。追加した3ユーザを切り替えることにします。

ユーザ切り替えの実装

TwitterStoreにユーザ切り替えの実装を追加します。Realm.Configuration.defaultConfigurationのfileURLを変更すると、デフォルトRealmがアクセスするRealmファイル

○リスト20.10:切り替えるログインユーザを定義 (TweetSample.swift)

```
enum TweetSample: Int {
    case sosekiNatsume = 1
    case osamuDazai = 2
    case kenjiMiyazawa = 3

    /* 省略 */
}
```

が変更されます（リスト20.11、参照12.3：デフォルトRealmの設定変更）。つまり、Realmファイルのパスを変えることでユーザ間でデータベースを分けることができ、ユーザごとのタイムラインを構築できるようになります。

ユーザの切り替え

TimeLineViewControllerに現在のユーザを保持する変数を追加します。変数が変更された直後にRealmファイルの切り替えを行います（リスト20.12）。

TwitterAccountクラスを追加し、ユーザの選択ができるUIを追加します（リスト20.13）。

○リスト20.11：Realmファイルの切り替え（TwitterStore.swift）

```swift
public static func changeUser(withScreenName screenName: String) {
    var config = Realm.Configuration.defaultConfiguration
    config.fileURL = config.fileURL!
        .deletingLastPathComponent()
        .appendingPathComponent(screenName)   // ユーザのスクリーンネームをファイル名にする
        .appendingPathExtension("realm")
    Realm.Configuration.defaultConfiguration = config
}
```

○リスト20.12：現在のユーザを保持する変数（TimeLineViewController.swift）

```swift
var currentAccount: User? {
    didSet {
        guard let currentAccount = currentAccount else { return }
        // ボタンのタイトルを名前に変更
        accountButton.title = currentAccount.name
        // ツイート関連のボタンを有効
        tweetButtons.forEach { $0.isEnabled = true }
        // ユーザを変更
        TwitterStore.changeUser(withScreenName: currentAccount.screen_name)
        // 変更したユーザのツイートを更新
        updateTweets()
    }
}
```

○リスト20.13：ユーザの選択UI（TwitterAccount.swift）

```swift
public static func show(viewControllerToPresent parentVC: UIViewController,
                        selectedHandler: @escaping (User) -> Void) {
    let alert = UIAlertController(title: "アカウントを選択",
                                  message: nil,
                                  preferredStyle: .actionSheet)
    for tweetSample in TweetSample.all {
        alert.addAction(UIAlertAction(title: tweetSample.userName,
                                      style: .default) { _ in
            let user = User(value: tweetSample.userJSON)
            selectedHandler(user)
        })
    }
    alert.addAction(UIAlertAction(title: "キャンセル", style: .cancel))
    parentVC.present(alert, animated: true)
}
```

○リスト20.14：起動時のユーザ選択と選択ボタンのアクション（TimeLineViewController.swift）

```swift
override func viewWillAppear(_ animated: Bool) {
    super.viewWillAppear(animated)

    if self.currentAccount == nil { // 初回のユーザ選択
        selectAccount()
    }
}

@IBAction func selectAccount() {
    TwitterAccount.show(viewControllerToPresent: self) { [weak self] account in
        self?.currentAccount = account // 新しく選択されたユーザで現在のユーザを更新
    }
}
```

○リスト20.15：ユーザによって生成するツイートを変更（TwitterAPIClient.swift）

```swift
// 新しいツイートJSONオブジェクトを1件生成して返す。
public static func requestTweet(account: User) -> [String: Any] {
    let maxID = try! Realm().objects(Tweet.self)
                    .sorted(byProperty: "id",
                            ascending: false).first?.id ?? 0
    let tweetSample = TweetSample(rawValue: account.id)!
    return makeTweetJSON(tweetSample: tweetSample, maxID: maxID + 1)
}
```

　Storyboardにアカウントを選択ボタンとそのアクションであるselectAccount()を追加します。あとは、起動時に初回のユーザを選択してもらうためにviewWillAppear(_:)のタイミングでユーザ選択アラートを表示します（リスト20.14）。

　ユーザ切り替えにともないツイートのリクエストも調整します。TwitterAPIClientのツイートリクエストでUserを引数にし、ユーザによって生成するツイートを変更するようにします（リスト20.15）。

　これでユーザ切り替えの対応は完了です。Realmに対する変更はRealmファイルを切り替えるのみで、データの追加や削除部分は一切変更することなく対応できました。

○図20.5：その後の開発

20.4 その後の開発

　ここまでで実際のアプリにRealmを組み込む一連の流れを紹介してきました。あとはアプリの機能に合わせて、さらに複雑なモデル定義やクエリなどを実装していく開発になるでしょう。

第20章：応用的な開発

せっかくここまでTwitterクライアントを作りましたので、より実際のアプリらしくするために通信部分なども含めて実装してみます。Realm以外の部分に関しての説明は少々割愛させていただきますが、より具体的なアプリ開発の一例としてご覧ください（図20.5）。

> 💡 **【サンプル】**
> サンプル/20-04_その後の開発/TwitterApp.xcodeproj

iOSに設定してあるTwitterアカウントを取得する

TwitterのAPIを利用するにはOAuth認証をする必要があります。iOSの設定アプリには、TwitterとOAuth認証してアカウントを追加できる仕組みがあるので、OAuth認証を設定アプリに任せてしまえば、簡単にTwitterのAPIが利用可能になります（図20.6）。

これまでのTwitterAccountはTweetSampleから擬似的なログインユーザを生成していましたが、これをiOSの設定内にあるTwitterアカウントから選択できるように変更します。iOSの設定内にあるTwitterアカウントにアクセスするにはAccountsフレームワークを使用します（リスト20.16）。

○図20.6：iOSの設定アプリにTwitterアカウントを追加

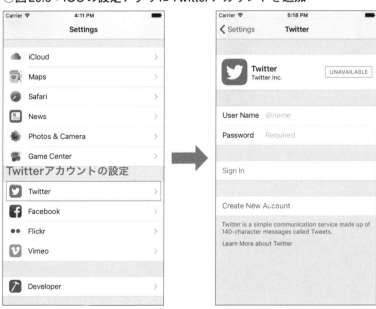

○リスト20.16：iOSに設定してあるTwitterアカウントを取得（TwitterAccount.swift）

```swift
// 取得したACAccountを使用するには、ACAccountStoreを強参照で保持している必要がある。
private static let accountStore = ACAccountStore()

public static func show(viewControllerToPresent parentVC: UIViewController,
                        selectedHandler: @escaping (ACAccount) -> Void) {
    requestAccessToTwitterAccounts { [weak parentVC] (accounts, granted, error) in
        if let error = error {
            let alert = UIAlertController(
                title: error.localizedDescription,
                message: (error as NSError).localizedFailureReason,
                preferredStyle: .alert)
            alert.addAction(UIAlertAction(title: "OK", style: .default))
            parentVC?.present(alert, animated: true)
            return
        }
        if !granted {
            let alert = UIAlertController(
                title: "Twitterアカウントへのアクセス権がありません",
                message: "iOSの設定アプリ内にある\"プライバシー\"を確認してください。",
                preferredStyle: .alert)
            alert.addAction(UIAlertAction(title: "OK", style: .default))
            parentVC?.present(alert, animated: true)
            return
        }
        guard let accounts = accounts, accounts.count > 0 else {
            let alert = UIAlertController(
                title: "Twitterアカウントが1つもありません",
                message: "iOSの設定アプリ内にある\"Twitter\"を確認してください。",
                preferredStyle: .alert)
            alert.addAction(UIAlertAction(title: "OK", style: .default))
            parentVC?.present(alert, animated: true)
            return
        }
        let alert = UIAlertController(title: "アカウントを選択",
                                      message: nil,
                                      preferredStyle: .actionSheet)
        for account in accounts {
            alert.addAction(UIAlertAction(title: account.username,
                                          style: .default) { _ in
                selectedHandler(account)
            })
        }
        alert.addAction(UIAlertAction(title: "キャンセル", style: .cancel))
        parentVC?.present(alert, animated: true)
    }
}

private static func requestAccessToTwitterAccounts(
    completion: @escaping ([ACAccount]?, Bool, Error?) -> Void) {
    let type = accountStore.accountType(
        withAccountTypeIdentifier: ACAccountTypeIdentifierTwitter)!
    accountStore.requestAccessToAccounts(with: type,
                                         options: nil)
    { (granted, error) in
        // バックグラウンドスレッドで返されるので、後の処理はメインスレッドで実行するようにする。
        DispatchQueue.main.async {
            completion(self.accountStore.accounts(with: type) as? Array,
                       granted,
                       error)
        }
    }
}
```

ホームタイムラインAPIに対応する

TwitterAPIClientも実際のTwitter APIと通信しホームタイムラインのツイートを取得するように変更します。Twitter APIのリクエストは、Socialフレームワークを使用します（リスト20.17）。

◯リスト20.17：ホームタイムラインAPIに対応（TwitterAPIClient.swift）

```swift
enum Result {
    case success([[String: Any]])
    case failure(Error)
}

// ホームタイムラインのツイートを取得する。
public static func requestHomeTimeLine(
    account: ACAccount,
    completion: @escaping (Result) -> Void) -> URLSessionDataTask? {
    // リクエストを作成
    let request = makeURLRequest(
        account: account,
        url: URL(string: "https://api.twitter.com/1.1/statuses/home_timeline.json")!,
        parameters: ["count": "200"])
    let task = URLSession.shared.dataTask(with: request) { (responseData, response, error) in
        DispatchQueue.main.async {
            // リクエストエラーの確認
            if let error = error {
                completion(.failure(error))
                return
            }
            let json: Any
            do {
                // レスポンスデータをJSONオブジェクトに変換
                json = try JSONSerialization.jsonObject(with: responseData ?? Data(),
                                                        options: [])
            } catch {
                completion(.failure(error)) // JSONオブジェクトのパースエラー
                return
            }

            // JSONオブジェクトが想定しているタイムラインの型かを確認
            if let json = json as? [[String: Any]] {
                completion(.success(json))
                return
            }
            // エラーのJSONオブジェクトかを確認
            if let json = json as? [String: Any],
                let domain = request.url?.host,
                let errors = json["errors"] as? [[String: Any]],
                let error = errors.first,
                let code = error["code"] as? Int,
                let message = error["message"] as? String
            {
                // Twitter APIが返したエラーを作成
                let error = NSError(domain: domain,
                                    code: code,
                                    userInfo: [
                                        NSLocalizedDescriptionKey: "TwitterAPIエラー code: \(code)",
```

（次ページにつづく）

(前ページのつづき)

```
                                            NSLocalizedFailureReasonErrorKey: message])
                completion(.failure(error))
            } else {
                // 不明なエラーを作成
                let error = NSError(domain: "com.yusuga.RealmBook", code: 0,
                                    userInfo: [NSLocalizedDescriptionKey: "不明なエラー"])
                completion(.failure(error))
            }
        }
    }
    task.resume() // リクエスト開始
    return task
}

// MARK: -

private static func makeURLRequest(account: ACAccount,
                                   url: URL, parameters: [String: String]?) -> URLRequest {
    // ACAccountからTwitter APIのリクエストを作成
    let slRequest = SLRequest.init(forServiceType: SLServiceTypeTwitter,
                                   requestMethod: .GET,
                                   url: url,
                                   parameters: parameters ?? [:])!
    slRequest.account = account
    guard let request = slRequest.preparedURLRequest() else {
        fatalError("request is nil. slRequest: \(slRequest)")
    }
    return request
}
```

新しい実装に対応

　後はTimeLineViewControllerを新しく実装したTwitterAccountとTwitterAPIClientに対応するだけで完成です。**リスト20.18**はTwitterAccountへの主な変更点です。また、**リスト20.19**はTwitterAPIClientへの主な変更点です。

第20章：応用的な開発

○リスト20.18：新しいTwitterAccountに対応（TimeLineViewController.swift）

```swift
var currentAccount: ACAccount? {
    didSet {
        guard let currentAccount = currentAccount else { return }
        // リクエスト中ならキャンセル
        APITask?.cancel()
        // ボタンのタイトルを名前に変更
        accountButton.title = currentAccount.username
        // ツイート関連のボタンを有効
        tweetButtons.forEach { $0.isEnabled = true }
        // ユーザを変更
        TwitterStore.changeUser(withScreenName: currentAccount.username)
        // 変更したユーザのツイートを更新
        updateTweets()
    }
}

@IBOutlet weak var accountButton: UIBarButtonItem!

@IBAction func selectAccount() {
    TwitterAccount.show(viewControllerToPresent: self) { [weak self] account in
        self?.currentAccount = account // 新しく選択されたユーザで現在のユーザを更新
    }
}
```

○リスト20.19：新しいTwitterAPIClientへの対応（TimeLineViewController.swift）

```swift
weak var apiTask: URLSessionDataTask?

@IBAction func requestTweets() {
    guard let currentAccount = currentAccount else { return }

    navigationItem.prompt = "ツイート取得中"
    apiTask?.cancel() // リクエスト中ならキャンセル

    apiTask = TwitterAPIClient.requestHomeTimeLine(account: currentAccount)
    { [weak self] result in
        self?.navigationItem.prompt = nil

        switch result {
        case .success(let jsons):
            // 取得したツイートを追加
            TwitterStore.addTweets(tweetJSONs: jsons)
            /* 追加に対するUIの更新は変更通知ハンドラ内で行われます。 */
        case .failure(let error):
            print("\(#function), error: \(error)")
            let alert = UIAlertController(
                            title: error.localizedDescription,
                            message: (error as NSError).localizedFailureReason,
                            preferredStyle: .alert)
            alert.addAction(UIAlertAction(title: "OK", style: .default))
            self?.present(alert, animated: true)
        }
    }
}
```

Appendix A

APIリファレンス

APIリファレンスとして「クラス」「構造体」「列挙型」「プロトコル」「関数」「タイプエイリアス」に分類しています。

A.0　目次
A.1　クラス
A.2　構造体
A.3　列挙型
A.4　プロトコル
A.5　関数／タイプエイリアス

目次

A.1：クラス················184
A.1.1：Object················184
初期化子
- init()················185
- init(value:)················185

値のアクセス
- subscript(_:)················186

プロパティ
- realm················186
- objectSchema················186
- isInvalidated················186
- description················187
- className················187

オブジェクトのカスタマイズ
- primaryKey()················187
- ignoredProperties()················188
- indexedProperties()················189

通知
- addNotificationBlock(_:)················189

同値性
- isEqual(_:)················190

A.1.2：Realm················190
初期化子
- init()················191
- init(configuration:)················191
- init(fileURL:)················192

プロパティ
- schema················192
- configuration················192
- isEmpty················192

トランザクション
- beginWrite()················193
- commitWrite(withoutNotifying:)················193
- write(_:)················194
- cancelWrite()················194
- isInWriteTransaction················195

オブジェクトの作成と追加
- add(_:update:)················195
- add(_:update:)················196
- create(_:value:update:)················197

オブジェクトの削除
- delete(_:)················198
- delete(_:)················198
- deleteAll()················198

オブジェクトの検索
- objects(_:)················199
- object(ofType:forPrimaryKey:)················199

通知
- addNotificationBlock(_:)················199

自動更新と更新
- autorefresh················200
- refresh()················201

無効
- invalidate()················201

コピーの書き込み
- writeCopy(toFile:encryptionKey:)················202

マイグレーション
- performMigration(for:)················202

スレッド間のオブジェクトの受け渡し
- resolve(_:)················203

同値性
- ==(_:_:)················203

A.1.3：Results················203
プロパティ
- realm················204
- isInvalidated················204
- count················204
- description················205

インデックスの取得
- index(of:)················205
- index(matching:)················205
- index(matching:_:)················205

オブジェクトの取得
- subscript(_:)················206
- first················206
- last················206

キー値コーディング（KVC）
- value(forKey:)················207
- value(forKeyPath:)················207
- setValue(_:forKey:)················207

フィルタリング
- filter(_:_:)················208
- filter(_:)················208

ソート
- sorted(byKeyPath:ascending:)················208
- sorted(by:)················209

集計操作
- min(ofProperty:)················209
- max(ofProperty:)················209
- sum(ofProperty:)················210
- average(ofProperty:)················210

通知

addNotificationBlock(_:)·················210
シーケンスのサポート
  makeIterator()·························211
Collection のサポート
  startIndex·····························212
  endIndex······························212
  index(after:)··························212
  index(before:)·························212

A.1.4：List···································212
初期化子
  init()··································213
プロパティ
  realm·································214
  isInvalidated·························214
  count·································214
インデックスの取得
  index(of:)·····························214
  index(matching:)·······················215
  index(matching:_:)·····················215
オブジェクトの取得
  subscript(_:)·························216
  first···································216
  last···································216
キー値コーディング（KVC）
  value(forKey:)·························216
  value(forKeyPath:)·····················217
  setValue(_:forKey:)····················217
フィルタリング
  filter(_:_:)····························217
  filter(_:)······························218
ソート
  sorted(byKeyPath:ascending:)···········218
  sorted(by:)····························219
集計操作
  min(ofProperty:)·······················219
  max(ofProperty:)·······················219
  sum(ofProperty:)·······················220
  average(ofProperty:)   220
変更
  append(_:)·····························220
  append(objectsIn:)·····················220
  insert(_:at:)··························221
  remove(objectAtIndex:)·················221
  removeLast()··························221
  removeAll()···························222
  replace(index:object:)·················222
  move(from:to:)························222
  swap(index1:_:)························222
通知

addNotificationBlock(_:)·················223
シーケンスのサポート
  makeIterator()·························224
RangeReplaceableCollection のサポート
  replaceSubrange(_:with:)···············224
  startIndex·····························224
  endIndex······························224
  index(after:)··························224
  index(before:)·························225

A.1.5：LinkingObjects······················225
初期化子
  init(fromType:property:)···············226
プロパティ
  realm·································226
  isInvalidated·························227
  count·································227
  description····························227
インデックスの取得
  index(of:)·····························227
  index(matching:)·······················228
  index(matching:_:)·····················228
オブジェクトの取得
  subscript(_:)·························228
  first···································229
  last···································229
キー値コーディング（KVC）
  value(forKey:)·························229
  value(forKeyPath:)·····················229
  setValue(_:forKey:)····················230
フィルタリング
  filter(_:_:)····························230
  filter(_:)······························231
ソート
  sorted(byKeyPath:ascending:)···········231
  sorted(by:)····························231
集計操作
  min(ofProperty:)·······················232
  max(ofProperty:)·······················232
  sum(ofProperty:)·······················232
  average(ofProperty:)···················233
通知
  addNotificationBlock(_:)···············233
シーケンスのサポート
  makeIterator()·························234
Collection のサポート
  startIndex·····························234
  endIndex······························234
  index(after:)··························234
  index(before:)·························235

Appendix A：API リファレンス

- A.1.6：Migration ... 235
  - プロパティ
    - oldSchema ... 235
    - newSchema ... 235
  - マイグレーション中のオブジェクトの変更
    - enumerateObjects(ofType:_:) ... 235
    - create(_:value:) ... 236
    - delete(_:) ... 236
    - deleteData(forType:) ... 237
    - renameProperty(onType:from:to:) ... 237

- A.1.7：Schema ... 237
  - プロパティ
    - subscript(_:) ... 237
    - objectSchema ... 238
    - description ... 238
  - 同値性
    - ==(_:_:) ... 238

- A.1.8：ObjectSchema ... 238
  - プロパティ
    - subscript(_:) ... 239
    - properties ... 239
    - className ... 239
    - primaryKeyProperty ... 239
    - description ... 239
  - 同値性
    - ==(_:_:) ... 240

- A.1.9：Property ... 240
  - プロパティ
    - name ... 240
    - type ... 240
    - isIndexed ... 240
    - isOptional ... 241
    - objectClassName ... 241
    - description ... 241
  - 同値性
    - ==(_:_:) ... 241

- A.1.10：RealmOptional ... 241
  - 初期化子
    - init(_:) ... 242
  - プロパティ
    - value ... 242

- A.1.11：AnyRealmCollection ... 242
  - RealmCollectionのサポート
  - シーケンスのサポート
    - makeIterator() ... 243
  - Collectionのサポート
    - startIndex ... 243
    - endIndex ... 243
    - index(after:) ... 244
    - index(before:) ... 244

- A.1.12：RLMIterator ... 244
  - next() ... 244

- A.1.13：ThreadSafeReference ... 245
  - 初期化子
    - init(to:) ... 245
  - プロパティ
    - isInvalidated ... 246

- A.2：構造体 ... 247
- A.2.1：Realm.Configuration ... 247
  - デフォルト設定
    - defaultConfiguration ... 247
  - 初期化子
    - init(fileURL:inMemoryIdentifier:syncConfiguration:encryptionKey:readOnly:schemaVersion:migrationBlock:deleteRealmIfMigrationNeeded:objectTypes:) ... 248
  - 設定プロパティ
    - fileURL ... 248
    - inMemoryIdentifier ... 248
    - encryptionKey ... 249
    - readOnly ... 249
    - schemaVersion ... 249
    - migrationBlock ... 249
    - deleteRealmIfMigrationNeeded ... 249
    - objectTypes ... 250
    - syncConfiguration ... 250

- A.2.2：Realm.Error ... 250
  - エラーコード
    - fail ... 251
    - fileAccess ... 251
    - filePermissionDenied ... 251
    - fileExists ... 251
    - fileNotFound ... 251
    - incompatibleLockFile ... 252
    - fileFormatUpgradeRequired ... 252
    - addressSpaceExhausted ... 252
    - schemaMismatch ... 252
  - 同値性
    - ==(_:_:) ... 252
  - パターンマッチング
    - ~=(_:_:) ... 253

Appendix A.0：目次

A.2.3：PropertyChange ··················· 253
    name ··· 253
    oldValue ·· 253
    newValue ·· 253

A.2.4：SortDescriptor ······················· 254
  初期化子
    init(keyPath:ascending:) ·············· 254
  プロパティ
    keyPath ··· 254
    ascending ·· 254
    description ······································ 255
  関数
    reversed() ·· 255
  同値性
    ==(_:_:) ·· 255
  ExpressibleByStringLiteralのサポート
    init(unicodeScalarLiteral:) ············ 255
    init(extendedGraphemeClusterLiteral:) ·· 255
    init(stringLiteral:) ··························· 255

A.3：列挙型 ······································· 256
A.3.1：Realm.Notification ············· 256
    didChange ······································· 256
    refreshRequired ···························· 256

A.3.2：RealmCollectionChange ···· 257
    initial ··· 257
    update ·· 257
    error ·· 258

A.3.3：ObjectChange ······················ 258
    error ·· 259
    change ·· 259
    deleted ··· 259

A.4：プロトコル ······························· 260

A.4.1：RealmCollection ··················· 260
  初期化子
    init(_:) ·· 260
  プロパティ
    realm ·· 260
    isInvalidated ·································· 260
    count ·· 261
    description ······································ 261
  インデックスの取得
    index(of:) ·· 261

    index(matching:) ··························· 261
    index(matching:_:) ······················· 261
  オブジェクトの取得
    subscript(_:) ···································· 262
  キー値コーディング（KVC）
    value(forKey:) ································ 262
    value(forKeyPath:) ······················· 262
    setValue(_:forKey:) ······················ 262
  フィルタリング
    filter(_:_:) ··· 263
    filter(_:) ·· 263
  ソート
    sorted(byKeyPath:ascending:) ······ 263
    sorted(by:) ······································ 264
  集計操作
    min(ofProperty:) ··························· 264
    max(ofProperty:) ·························· 264
    sum(ofProperty:) ·························· 265
    average(ofProperty:) ···················· 265
  通知
    addNotificationBlock(_:) ············· 265

A.4.2：RealmOptionalType ············ 266
A.4.3：MinMaxType ························ 267
A.4.4：AddableType ······················· 267
A.4.5：ThreadConfined ················· 268
  プロパティ
    realm ·· 268
    isInvalidated ·································· 268

A.5：関数 ·· 269
  マイグレーション
    schemaVersionAtURL(_:encryptionKey:) ···· 269

A.5：タイプエイリアス ···················· 269
  エイリアス
    NotificationToken ························ 269
    PropertyType ································ 270
  マイグレーション
    MigrationObject ··························· 270
    MigrationBlock ····························· 270
    MigrationObjectEnumerateBlock ···· 270
  通知
    NotificationBlock ·························· 270

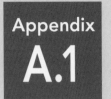

クラス

ここでは、「Object」「Realm」「Results」「List」「LinkingObjects」「Migration」「Schema」「ObjectSchema」「Property」「Realm Optional」「AnyRealmCollection」「RLMIterator」「ThreadSafe Reference」クラスを説明しています。

A.1.1 Object

【宣言】
```
open class Object: RLMObjectBase
```

　Objectクラスは、Realmのモデルオブジェクトを定義するために使用されるクラスです（リストA.1.1）。Objectクラスを継承したサブクラスが、Realmのモデルとして扱われます。そのため、Objectクラスを直接インスタンス化して使うことはありません。なお、プロパティ定義でサポートされている型は表A.1.1のとおりです。

○リストA.1.1：モデル定義例

```
class Person: Object { // RealmSwift.Objectクラスを継承する必要がある
    dynamic var bool = false              // Bool
    dynamic var int = 0                   // Int
    dynamic var float: Float = 0          // Float
    dynamic var double: Double = 0        // Double

    dynamic var string = ""               // String
    dynamic var date = Date()             // Date
    dynamic var data = Data()             // Data

    let boolOptional = RealmOptional<Bool>()       // Boolのオプショナル型
    let intOptional = RealmOptional<Int>()         // Intのオプショナル型
    let floatOptional = RealmOptional<Float>()     // Floatのオプショナル型
    let doubleOptional = RealmOptional<Double>()   // Doubleのオプショナル型

    dynamic var stringOptional: String?            // Stringのオプショナル型
    dynamic var dateOptional: Date?                // Dateのオプショナル型
    dynamic var dataOptional: Data?                // Dataのオプショナル型

    dynamic var dog: Dog? // 1対1の関連
    let cats = List<Cat>() // 1対多の関連
}
class Dog: Object {
    let persons = LinkingObjects(fromType: Person.self,
                                 property: "dog") // 逆方向の関連
}
class Cat: Object {
    let persons = LinkingObjects(fromType: Person.self,
                                 property: "cats") // 逆方向の関連
}
```

Appendix A.1：クラス

【プロパティ定義の制約】
- 整数型は、Int、Int8、Int16、Int32、Int64 が定義可能
- 小数型を使用する場合は、Float または Double を使用する。CGFloat型はプラットフォーム（CPUアーキテクチャ）によって実際の定義が変わるため使用しない
- RealmOptional、List、LinkingObjects は let で、それ以外はすべて dynamic var で定義する必要がある
- Bool、Int、Float、Double のオプショナル型を定義するには、ラッパークラスのRealmOptional クラスを使用する必要がある
- lazy（遅延ストアドプロパティ）は使用できない

○表A.1.1：プロパティ定義でサポートされているすべての型

型	非オプショナル型の定義	オプショナル型の定義
Bool	dynamic var value = false	let value = RealmOptional<Bool>()
Int	dynamic var value = 0	let value = RealmOptional<Int>()
Float	dynamic var value: Float = 0	let value = RealmOptional<Float>()
Double	dynamic var value: Double = 0	let value = RealmOptional<Double>()
String, NSString	dynamic var value = ""	dynamic var value: String?
Date, NSDate	dynamic var value = Date()	dynamic var value: Date?
Data, NSData	dynamic var value = Data()	dynamic var value: Data?
Objectのサブクラス	非オプショナル型にはできません	dynamic var value: Class?
List<T>	let value = List<Class>()	オプショナル型にはできません
LinkingObjects<T>	let value = LinkingObjects(fromType: Class.self, property: "property")	オプショナル型にはできません

初期化子

■ init()

アンマネージドオブジェクトを生成します（参照 7.3：アンマネージドオブジェクト／マネージドオブジェクト）。

【宣言】
```
public override required init()
```

■ init(value:)

指定の値で初期化し、アンマネージドオブジェクトを生成します（参照 7.3：アンマネージドオブジェクト／マネージドオブジェクト）。

【宣言】
```
public init(value: Any)
```

【引数】 value:初期化に使用する値
【詳細】 valueには「キー値コーディングに準拠しているオブジェクト」または「各プロパティの値の配列」が使用できます（参照 第6章:モデルオブジェクトの生成と初期化）。

値のアクセス

■ subscript(_:)

指定のプロパティ名の値を取得または設定します。

【宣言】
```
open subscript(key: String) -> Any?
```

【詳細】 この実装があるため、次のようなサブスクリプト構文でのアクセスが可能となっています。

```
// サブスクリプト構文の使用例
let dog = Dog()                // DogはObjectのサブクラス
dog["name"] = "Momo"           // サブスクリプト構文のsetter
let name = dog["name"]         // サブスクリプト構文のgetter
```

プロパティ

■ realm

モデルオブジェクトを管理しているRealmインスタンスを返します。

【宣言】
```
public var realm: Realm?
```

【詳細】 realmへの参照がある場合はマネージドオブジェクトで、nilの場合はアンマネージドオブジェクトです（参照 7.3:アンマネージドオブジェクト／マネージドオブジェクト）。

■ objectSchema

ObjectSchemaインスタンスを返します（参照 A.1.8:ObjectSchema）。

【宣言】
```
public var objectSchema: ObjectSchema
```

■ isInvalidated

モデルオブジェクトが無効になりアクセスできなくなったかをBool値で返します。

【注意】 無効になりアクセスできなくなったモデルオブジェクトは、**モデル定義したプロパ**

ティにアクセスすると**例外が発生**します。データベースへのアクセスが発生しないrealmなどのプロパティはアクセス可能です。

【宣言】
```
open override var isInvalidated: Bool
```

【詳細】モデルオブジェクトが無効になるのは、モデルオブジェクトがRealmから削除されたり、管理しているRealm自体が無効（Realmのinvalidate()が呼ばれる）になった場合です。

■ description
人が読める形式でオブジェクトの説明を文字列で返します。

【宣言】
```
open override var description: String
```

■ className
モデルオブジェクトのクラス名を文字列で返します。

【宣言】
```
public final override var className: String
```

オブジェクトのカスタマイズ

■ primaryKey()
プライマリキーを指定するためのクラスメソッドです（参照 5.3：プライマリキー（主キー））。指定方法は、このメソッドをオーバーライドし、プライマリキーに指定するプロパティの名前を返します（**リストA.1.2**）。デフォルトはnilで、何も指定されていません。

【宣言】
```
open class func primaryKey() -> String?
```

【戻り値】プライマリキーに指定するプロパティの名前を返します。
【詳細】プライマリキーに指定されたプロパティは、一意性が強制され、インデックス（参照 5.4：インデックス（索引））が作成されます。サポートしている型は、StringとIntです。プライマリキーは、1つのみ指定でき、複合プライマリキーはサポートされていません。オプショナル型のプロパティもプライマリキーに指定できますが、nilが一意（重複不可）という挙動になります。

Appendix A：APIリファレンス

○リストA.1.2：プライマリキーの定義例

```
class Tag: Object {
    dynamic var name = ""

    override static func primaryKey() -> String? {
        return "name" // nameプロパティをプライマリキーに指定
    }
}
```

■ ignoredProperties()

保存しないプロパティを指定するためのクラスメソッドです（参照 5.5：保存しないプロパティ）。保存しないプロパティの指定方法は、このメソッドをオーバーライドし、保存しないプロパティの名前を配列で返します（リストA.1.3）。デフォルトは空配列で、何も指定されていません。

【宣言】
```
open class func ignoredProperties() -> [String]
```

【戻り値】保存しないプロパティの名前を配列で返します。
【詳細】保存しないプロパティは、次のRealmの機能が使用できなくなります。

- 保存しないプロパティをクエリの条件に使用できない
- 同じオブジェクトを指していても、インスタンスが異なる場合は値は共有されない
- KVOを除いてRealmの変更通知は適用されない

次のプロパティ定義は、暗黙的に保存しないプロパティになります。

- 読み取り専用のコンピューテッドプロパティ
- 定数（let）のストアドプロパティ

○リストA.1.3：保存しないプロパティの定義例

```
class Person: Object {
    dynamic var firstName = ""
    dynamic var lastName = ""
    dynamic var tmpID = 0

    override static func ignoredProperties() -> [String] {
        return ["tmpID"] // temIDプロパティを保存しないプロパティに指定
    }

    // 読み込み専用のコンピューテッドプロパティは暗黙的に保存しないプロパティ
    // になります。
    var name: String {
        return "\(firstName) \(lastName)"
    }

    // 定数のストアドプロパティは暗黙的に保存しないプロパティになります。
    let identifier = 1
}
```

■ indexedProperties()

インデックスを指定するためのクラスメソッドです（参照 5.4：インデックス（索引））。指定方法は、このメソッドをオーバーライドし、インデックスを作成するプロパティの名前を配列で返します（リストA.1.4）。デフォルトは空配列で、何も指定されていません。

【宣言】
```
open class func indexedProperties() -> [String]
```

【戻り値】インデックスを作成するプロパティの名前を配列で返します。

【詳細】インデックスに指定したプロパティは「=」や「IN」を使ったクエリの速度が大幅に向上しますが、その代わりにモデルオブジェクトをデータベースに追加するのは少し遅くなります。サポートしている型は、Int、Bool、String、Dateです。

○リストA.1.4：インデックスの定義例

```
class Book: Object {
    dynamic var title = ""

    override static func indexedProperties() -> [String] {
        // titileプロパティをインデックスに指定します。
        // 例えばtitleを文字列検索する速度が高速になります。
        return ["title"]
    }
}
```

通知

■ addNotificationBlock(_:)

オブジェクトが変更されたときに呼び出される通知ハンドラを追加します。

【注意】書き込みトランザクション中、または管理しているRealmが読み取り専用の場合は例外が発生します。

【宣言】
```
public func addNotificationBlock(
        _ block: @escaping (ObjectChange) -> Void) -> NotificationToken
```

【引数】block：データが更新されたときに呼び出される通知ハンドラのクロージャ。引数には、ObjectChangeが渡されます（参照 A.3.3：ObjectChange）。

【戻り値】NotificationTokenインスタンス（参照 A.5.2：タイプエイリアス）を返します。

【詳細】コレクションクラスの通知と異なり、初期化時の通知（initial）はありません。通知ハンドラは、次の特徴があります。

- オブジェクトの削除やRealmが管理しているオブジェクトのプロパティが変更した書

き込みトランザクションのコミットの後に、非同期で呼び出される
- 異なるスレッドまたはプロセスからの変更は、管理しているRealmがリフレッシュされると通知ハンドラが呼び出される。ローカルの書き込みトランザクションからの場合は、コミット後の適切なタイミングで呼び出される
- 実行ループが他のアクティビティによりブロックされている間は通知されない
- 変更毎に必ず通知されるわけではなく、複数のトランザクションで同時に変更がされた場合などは通知が1つにまとめられることもある

マネージドオブジェクトでないと通知ハンドラは追加できず例外が発生します。通知は戻り値の**NotificationTokenインスタンスを強参照している間が有効**になります。通知を停止する場合は、NotificationTokenのstop()を呼びます。通知ハンドラのクロージャは、通知対象のモデルオブジェクトへの強参照を安全に持つことができます。これは、通知ハンドラのクロージャは戻り値のNotificationTokenインスタンスによって保持されるため、循環参照の問題が起こらないからです。

同値性

■ isEqual(_:)

2つのモデルオブジェクトが等しいかをBool値で返します。

【宣言】
```
open override func isEqual(_ object: Any?) -> Bool
```

【詳細】同じRealmで管理され、データベース内の同じオブジェクトを指している場合に限り、オブジェクトは等しいとみなされます。

A.1.2 Realm

【宣言】
```
public final class Realm
```

Realmクラスはモデルオブジェクトの追加や削除、検索などデータベース自体の操作を担うクラスです。Realmデータベースは、大きく分けて次の2種類があります。

- ストレージ上のRealmファイルにデータを書き込み動作するRealmデータベース（デフォルト設定）
- メモリ上のみにデータを保持し動作するRealmデータベース（Configurationクラスで設定可能。 参照 12.2：Realmの各種設定）

Realmインスタンスは、内部でキャッシュされます。そのため、同等のRealmインスタンスを再度取得する場合はそのキャッシュが利用されることになり、取得毎のオーバーヘッドが軽減します（参照 10.5：Realmの内部キャッシュ）。

　Realmインスタンスを破棄したい場合は、すべての強参照をなくす必要があります。強参照がなくなれば内部キャッシュも解放されます。強参照をコントロールする手段としてSwiftのautoreleasepool()を利用します（参照 17.1：Realmファイルを削除する – Realmファイルを安全に削除する）。

【注意】Realmのデータベースは、異なるスレッド間でのデータベースへの安全なアクセスは保証されていますが、Realmインスタンス自体はスレッドセーフではなく、スレッドまたはディスパッチキュー間では共有することはできません。**Realmインスタンスは、スレッドをまたいでアクセスすると例外が発生**します（参照 10.2：異なるスレッド間でのオブジェクトの制約）。

初期化子

■ init()

　デフォルトRealmのインスタンスを返します。

【例外】初期化できない場合は、Realm.Errorに型キャスト可能なNSErrorがスローされます（参照 A.2.2：Realm.Error）。

【宣言】
```
public convenience init() throws
```

【詳細】デフォルトRealmは、Realm.Configuration.defaultConfigurationで初期化されます（参照 12.3：デフォルトRealmの設定変更）。

■ init(configuration:)

　指定の設定で初期化したRealmインスタンスを返します。

【例外】初期化できない場合は、Realm.Errorに型キャスト可能なNSErrorがスローされます（参照 A.2.2：Realm.Error）。

【宣言】
```
public convenience init(configuration: Configuration) throws
```

【引数】configuration：初期化に使用する設定

■ init(fileURL:)

指定のファイルURL（Realmファイルの保存先）の設定値で初期化したRealmインスタンスを返します。

【例外】初期化できない場合は、Realm.Errorに型キャスト可能なNSErrorがスローされます（参照 A.2.2：Realm.Error）。

【宣言】
```
public convenience init(fileURL: URL) throws
```

【詳細】指定のファイルURL以外の設定値は、その時点でのデフォルト設定（Realm.Configuration.defaultConfiguration）が適用されます。

プロパティ

■ schema

使用しているSchemaインスタンスを返します。

【宣言】
```
public var schema: Schema
```

■ configuration

初期化に使用した設定値のConfigurationインスタンスを返します。

【宣言】
```
public var configuration: Configuration
```

■ isEmpty

データベースが空かを返します（リストA.1.5）。

【宣言】
```
public var isEmpty: Bool
```

○リストA.1.5：isEmptyの挙動

```
let realm = try! Realm()
print(realm.isEmpty) // true
try! realm.write {
    realm.add(DemoObject())
}
print(realm.isEmpty) // false
try! realm.write {
    realm.deleteAll()
}
print(realm.isEmpty) // true
```

トランザクション

■beginWrite()
書き込みトランザクションを開始します（参照 7.2：書き込みトランザクション）。

【宣言】
```
public func beginWrite()
```

【詳細】一度に開始できる書き込みトランザクションはRealmファイルごとに1つだけです。書き込みトランザクションはネストできず、すでに書き込みトランザクション中に書き込みトランザクションを開始すると例外が発生します。異なるRealmインスタンスから同一のRealmファイルに対する書き込む処理は、現在の書き込みトランザクションが完了またはキャンセルされるまでブロックされます。Realmインスタンスが最新でない場合は、最新のRealmファイルの状態が反映され、該当の通知が発生します（refresh()を呼び出すのと同等です）。

まれに有用なアイデアですが、書き込みトランザクションはコミットするまで継続するので、複数の実行ループをまたぐことが可能です。ただし、書き込みトランザクションを開始したRealmインスタンスが解放されないように保持し、最終的にはコミットする必要があります。

■commitWrite(withoutNotifying:)
現在の書き込みトランザクションのすべての書き込み操作をコミットし、書き込みトランザクションを終了します。

【注意】書き込みトランザクション中にのみ呼び出すことができます。
【例外】ストレージ領域がなくなったり、ファイル入出力エラーなどで書き込みトランザクションのコミットに失敗した場合はNSErrorがスローされます。

【宣言】
```
public func commitWrite(
            withoutNotifying tokens: [NotificationToken] = []) throws
```

【引数】tokens：スキップしたい通知のNotificationTokenの配列
【詳細】変更を保存し書き込みトランザクションが完了すると、このRealmインスタンスに登録されているすべての通知が同期的に呼び出されます。

異なるスレッド上のRealmインスタンスおよびRealmコレクション（現在のスレッド上のものも含む）の通知は、適切なタイミングで呼び出されるようにスケジュールされています。

通知をスキップしたい場合は、スキップしたい通知のNotificationTokenを引数に渡します。ただしNotificationTokenは、同一のRealmかつ、書き込みトランザクションと同一のスレッドで追加したNotificationTokenでなくてはならず、異なるRealmやスレッドの通知

はスキップすることはできません（参照 11.5：通知のスキップ）。

■ write(_:)

引数に書き込み処理を行うクロージャを渡し、そのクロージャ内の書き込み処理がコミットされます（参照 7.2：書き込みトランザクション）。

【例外】ストレージ領域がなくなったり、ファイル入出力エラー等で書き込みトランザクションのコミットに失敗した場合はNSErrorがスローされます。

【宣言】
```
public func write(_ block: (() throws -> Void)) throws
```

【引数】block：書き込み処理を行うクロージャ

【詳細】内部ではクロージャが呼ばれる直前に書き込みトランザクションの開始（beginWrite()）が呼ばれます。また、クロージャの終了後は、書き込みトランザクション中ならばコミット（commitWrite(withoutNotifying:)）され、クロージャ内でエラーがスローされたかつ書き込みトランザクション中ならばキャンセル（cancelWrite()）が呼ばれます。

■ cancelWrite()

現在実行していた書き込み処理を書き込みトランザクションの開始時の状態に戻し（ロールバック）、書き込みトランザクションを終了します（参照 7.6：書き込みトランザクションのキャンセル、リストA.1.6）。

【注意】書き込みトランザクション中にのみ呼び出すことができます。

【宣言】
```
public func cancelWrite()
```

【詳細】書き込み処理で削除されたことによるオブジェクトの無効（isInvalidatedがtrue）は取り消されません。書き込み処理で追加されたオブジェクトはキャンセルされるとアンマネージドオブジェクトに戻るのではなく、無効なオブジェクトのままです（参照 7.6：書き込みトランザクションのキャンセル－削除時のロールバックの注意点）。

○リストA.1.6：cancelWrite()の例

```
let oldObject = objects(ObjectType).first!
let newObject = ObjectType()

realm.beginWrite()
realm.add(newObject)
realm.delete(oldObject)
realm.cancelWrite() // ← newObjectの追加とoldObjectの削除が取り消されます。

newObject.isInvalidated // ← true
oldObject.isInvalidated // ← true
```

キー値監視（KVO）の挙動は、書き込みトランザクション中に変更されたオブジェクトの初期値への変更は通知され、書き込みトランザクションのキャンセルによる通知は発生しません。

■ isInWriteTransaction

Realmが現在書き込みトランザクション中であるかをBool値で返します。

【宣言】
```
public var isInWriteTransaction: Bool
```

【詳細】すでに書き込みトランザクションが開始している状態で、beginWrite()を実行すると例外が発生しますが、isInWriteTransactionを利用することでbeginWrite()を重複して実行することが防げます（リストA.1.7）。

○リストA.1.7：isInWriteTransactionの挙動

```
let realm = try! Realm()

print(realm.isInWriteTransaction) // false
realm.beginWrite()
print(realm.isInWriteTransaction) // true

// realm.beginWrite() // ← 実行すると例外が発生

// 書き込みトランザクションが開始されていない場合は開始する
if !realm.isInWriteTransaction {
    realm.beginWrite()
}
/* 書き込み処理 */
try! realm.commitWrite()
```

オブジェクトの作成と追加

■ add(_:update:)

引数のモデルオブジェクトをデータベースに追加または更新します。

【注意】書き込みトランザクション中にのみ呼び出すことができます。

【宣言】
```
public func add(_ object: Object, update: Bool = false)
```

【引数】object：データベースに追加するモデルオブジェクト
update：trueの場合は、Realmはプライマリキー値を使用して既存のモデルオブジェクトのコピーを探して更新を試みます。それ以外の場合は、モデルオブジェクトが追加されます。

【詳細】モデルオブジェクトが持つ関連（1対1、1対多）も、まだデータベースに追加されていない場合は追加されます。モデルオブジェクトまたはそのモデルオブジェクトが持つ関連が、すでに別のRealmによって管理されているマネージドオブジェクトの場合は、例外が発生します。すでに別のRealmによって管理されているモデルオブジェクトを異なるRealmに追加したい場合は、create(_:value:update:)を使用します（ 参照 17.5：異なるRealmにモデルオブジェクトを追加する）。

　引数のupdateは、モデルオブジェクトにプライマリキーがある場合にのみ使用します（ 参照 7.3：モデルオブジェクトの追加 - プライマリキーを持つモデルオブジェクトを追加する）。プライマリキーがない場合にtrueを指定すると例外が発生します。trueを指定すると、すでに同一のプライマリキー値を持つモデルオブジェクトがデータベースに存在する場合は、各プロパティ値を更新し、存在しない場合は、新しいモデルオブジェクトとして追加されます。すでに同一のプライマリキー値を持つモデルオブジェクトがデータベースに存在する場合に、falseを指定すると例外が発生します。

　追加したいモデルオブジェクトは必ず有効な状態（isInvalidatedがfalse）でなければいけません。

■ add(_:update:)

　引数のコレクション内のすべてのモデルオブジェクトをデータベースに追加または更新します。

【注意】書き込みトランザクション中にのみ呼び出すことができます。

【宣言】
```
public func add<S: Sequence>(_ objects: S,
                             update: Bool = false)
    where S.Iterator.Element: Object
```

【引数】objects：データベースに追加するモデルオブジェクトを含むコレクション（List、Results、LinkingObjects、配列などのSequenceプロトコルに準拠しているかつ、コレクション内の要素がObjectクラス）

update：trueの場合は、Realmはプライマリキー値を使用して既存のモデルオブジェクトのコピーを探して更新を試みます。それ以外の場合は、モデルオブジェクトが追加されます。

【詳細】モデルオブジェクトが持つ関連（1対1、1対多）も、まだデータベースに追加されていない場合は追加されます。モデルオブジェクトまたはそのモデルオブジェクトが持つ関連が、すでに別のRealmによって管理されているマネージドオブジェクトの場合は、例外が発生します。

　引数のupdateは、モデルオブジェクトにプライマリキーがある場合にのみ使用します（ 参照 7.3：モデルオブジェクトの追加 - プライマリキーを持つモデルオブジェクトを追加する）。プライマリキーがない場合にtrueを指定すると例外が発生します。trueを指定すると、

すでに同一のプライマリキー値を持つモデルオブジェクトがデータベースに存在する場合は、各プロパティ値を更新し、存在しない場合は、新しいモデルオブジェクトとして追加されます。すでに同一のプライマリキー値を持つモデルオブジェクトがデータベースに存在する場合に、falseを指定すると例外が発生します。

追加したいモデルオブジェクトは必ず有効な状態（isInvalidatedがfalse）でなければいけません。

■ create(_:value:update:)
指定のモデルオブジェクトの型、値でモデルオブジェクトをデータベースに追加または更新し、そのモデルオブジェクトを返します。

【注意】書き込みトランザクション中にのみ呼び出すことができます。

【宣言】
```
public func create<T: Object>(_ type: T.Type,
                              value: Any = [:],
                              update: Bool = false) -> T
```

【引数】type：追加または更新するモデルオブジェクトの型
　　　　value：モデルオブジェクトの初期値または更新する値
　　　　update：trueの場合は、Realmはプライマリキー値を使用して既存のモデルオブジェクトのコピーを探して更新を試みます。それ以外の場合は、モデルオブジェクトが追加されます。

【戻り値】データベースに追加または更新したモデルオブジェクト（マネージドオブジェクト）

【詳細】valueには「キー値コーディングに準拠しているオブジェクト」または「各プロパティの値の配列」が使用できます（参照 第6章：モデルオブジェクトの生成と初期化）。

異なるRealm間のモデルオブジェクトでも追加することができます（参照 17.5：異なるRealmにモデルオブジェクトを追加する）。

モデルオブジェクトが持つ関連（1対1、1対多）も、まだデータベースに追加されていない場合は追加されます。

引数のupdateは、モデルオブジェクトにプライマリキーがある場合にのみ使用します（参照 7.3：モデルオブジェクトの追加 - プライマリキーを持つモデルオブジェクトを追加する）。プライマリキーがない場合にtrueを指定すると例外が発生します。trueを指定すると、すでに同一のプライマリキー値を持つモデルオブジェクトがデータベースに存在する場合は、各プロパティ値を更新し、存在しない場合は、新しいモデルオブジェクトとして追加されます。すでに同一のプライマリキー値を持つモデルオブジェクトがデータベースに存在する場合に、falseを指定すると例外が発生します。

オブジェクトの削除

■ **delete(_:)**

引数のモデルオブジェクトをデータベースから削除します（参照 7.5：モデルオブジェクトの削除）。

【注意】書き込みトランザクション中にのみ呼び出すことができます。

【宣言】
```
public func delete(_ object: Object)
```

【引数】object：データベースから削除するモデルオブジェクト
【詳細】削除後のモデルオブジェクトは無効なモデルオブジェクトになり、isInvalidatedプロパティがtrueになります。無効なモデルオブジェクトは、データベースへのアクセスが発生するプロパティを呼び出すと例外が発生します。

■ **delete(_:)**
【注意】書き込みトランザクション中にのみ呼び出すことができます（参照 7.5：モデルオブジェクトの削除）。

【宣言】
```
public func delete<S: Sequence>(_ objects: S)
                where S.Iterator.Element: Object
```

【引数】objects：データベースから削除するモデルオブジェクトを含むコレクション（List、Results、LinkingObjects、[Object]などのSequenceプロトコルに準拠しているかつ、コレクション内の要素がObjectクラス）。
【詳細】削除後のモデルオブジェクトは無効なモデルオブジェクトになり、isInvalidatedプロパティがtrueになります。無効なモデルオブジェクトは、データベースへのアクセスが発生するプロパティを呼び出すと例外が発生します。

■ **deleteAll()**

データベース内のすべてのモデルオブジェクトを削除します（参照 7.5：モデルオブジェクトの削除）。

【注意】書き込みトランザクション中にのみ呼び出すことができます。

【宣言】
```
public func deleteAll()
```

【詳細】削除後のモデルオブジェクトは無効なモデルオブジェクトになり、isInvalidatedプ

ロパティがtrue になります。無効なモデルオブジェクトは、データベースへのアクセスが発生するプロパティを呼び出すと例外が発生します。

オブジェクトの検索

■ objects(_:)
その Realm インスタンスが参照可能な指定の型のモデルオブジェクトをすべて返します。

【宣言】
```
public func objects<T: Object>(_ type: T.Type) -> Results<T>
```

【引数】type：取得するモデルオブジェクトの型
【戻り値】指定の型のモデルオブジェクトを含むResultsインスタンス（参照 8.2：検索結果（Resultsクラス））。

■ object(ofType:forPrimaryKey:)
指定の型で、指定のプライマリキー値と一致するモデルオブジェクトを返します。存在しない場合は、nilを返します。

【宣言】
```
public func object<T: Object, K>(ofType type: T.Type,
                                 forPrimaryKey key: K) -> T?
```

【引数】type：モデルオブジェクトの型
　　　　key：プライマリキー値
【戻り値】指定の型で、指定のプライマリキー値と一致するモデルオブジェクトを返します。存在しない場合は、nilを返します。
【詳細】モデル定義でプライマリキーにするプロパティを指定するには、primaryKey()メソッドをオーバーライドして指定します（参照 5.3：プライマリキー（主キー））。

通知

■ addNotificationBlock(_:)
データが変更されたときの通知ハンドラを追加し、NotificationToken インスタンス（参照 A.5.2：タイプエイリアス）を返します（参照 第11章：通知）。

【宣言】
```
public func addNotificationBlock(
                _ block: @escaping NotificationBlock) -> NotificationToken
```

【引数】block：データが更新されたときに呼び出されるクロージャで、次の引数が渡されます。

- notification：通知の種類を表す列挙型（参照 A.3.1：Realm.Notification）
- realm：通知が発生したRealm

【戻り値】NotificationTokenインスタンス（参照 A.5.2：タイプエイリアス）を返します。

【詳細】引数に渡す通知ハンドラは、次の特徴があります。

- 追加したスレッドと同じスレッドで呼び出される
- 変更毎に必ず通知されるわけではなく、複数のトランザクションで同時に変更がされた場合などは通知が1つにまとめられることもある
- 各書き込みトランザクションがコミットされた後に、スレッドまたはプロセスとは独立して呼び出される
- 現在の実行ループのスレッドからのみ追加できる。バックグラウンドスレッドで実行ループを作成し実行している場合を除き、通常はメインスレッドのみになる
- 実行ループが他のアクティビティによりブロックされている間は、通知されない

通知は戻り値の**NotificationToken**インスタンスを強参照している間が有効になります。通知を停止する場合は、NotificationTokenのstop()を呼びます。Realmの**通知ハンドラは、追加元のRealmインスタンスをキャプチャ（強参照）**します。

自動更新と更新

■ autorefresh

異なるスレッドで発生した変更を自動的に更新する場合は、このプロパティをtrueに設定します。デフォルト値はtrueです。

【宣言】
```
public var autorefresh: Bool
```

【詳細】trueをだと、異なるスレッドでコミットされた変更が、実行ループの次のサイクルでこのRealmインスタンスに反映されます。falseの場合は、最新のデータを反映させるには明示的にrefresh()を呼び出す必要があります（参照 10.4：異なるスレッドで更新したデータの反映）。

一般的なバックグラウンドスレッドは、実行ループを持っていないため、最新のデータを反映するためには明示的にrefresh()を呼ぶ必要があります。ただし、初回の生成時には最新のRealmファイルの内容が反映されています。trueにしていても、自動更新が発生する前に明示的にrefresh()を呼び出し最新データを反映させることはできます。

falseであっても、書き込みトランザクションがコミットされたときは、通知が発生します（参照 11.3：通知ハンドラ – Realmクラス）。

trueでも、そのRealmインスタンスが強参照されていないと自動更新を無効にすること

はできません。これは自動更新で使用される内部キャッシュはRealmインスタンスを弱参照で保持しているため、強参照していないと内部キャッシュが解放されてしまうからです（参照 10.5：Realmの内部キャッシュ）。Realmインスタンスを直接強参照で保持する以外にも、Object、List、Results、addNotificationBlock(_:)は内部でRealmインスタンスを強参照するので、それらのオブジェクトを強参照していれば自動更新の無効も維持されます。

■ refresh()

最新のデータを参照するように更新します。

【宣言】
```
public func refresh() -> Bool
```

【戻り値】Realmに更新があったかどうかを返します。実際にデータが変更されていない場合でもtrueを返すことに注意してください。

無効

■ invalidate()

そのRealmインスタンスが管理しているObject、Results、LinkingObjects、Listをすべて無効にします。

【宣言】
```
public func invalidate()
```

【詳細】Realmはアクセスしたデータのバージョンに読み取りロックをかけるため、そのRealmが参照しているデータは異なるスレッドから変更や削除はされません。invalidate()を呼び出すと、読み取りロックが解除され、書き込みトランザクションによって再利用されるようになります。読み取りロックがかかったままの状態はRealmファイルの肥大化の原因になります（参照 10.6：Realmファイルのサイズ肥大化について）。例えば、バックグラウンドで多くのデータを長い時間をかけて書き込んだ後、Realmが不要になったときに呼び出すと有用です（参照 17.3：肥大化したRealmファイルのサイズを最適化する − Realmの中間データを解放）。そのRealmインスタンスが管理しているObject、Results、LinkingObjects、Listはすべて無効（isInvalidatedがtrue）になります。

invalidate()を呼び出した後でもRealmインスタンス自体は有効なままで、次にRealmからデータが読み取られるときに暗黙的に読み取りトランザクションが開始されます。Realmからデータを読み取る前や、複数回の連続した呼び出しは、何も行いません。読み取り専用のRealmでは例外が発生します。

コピーの書き込み

■ writeCopy(toFile:encryptionKey:)

　指定のファイルURLに、最適化したRealmファイルをコピーして書き込みます。新しいRealmファイルを暗号化したい場合は64バイトの暗号化キーを指定します（12.2 Realmの各種設定 - 暗号化）。

【例外】ストレージ容量不足やすでに同名のファイルが存在するなどで書き込めない場合はNSErrorをスローします。

【宣言】
```
public func writeCopy(toFile fileURL: URL, encryptionKey: Data? = nil) throws
```

【引数】fileURL：書き込み先のファイルURL
　　　　encryptionKey：オプションの新しいファイルを暗号化するための64バイトの暗号化キー

【詳細】書き込みトランザクション中に呼び出した場合は、前回の書き込みトランザクションがコミットされた時点のデータではなく、呼び出した時点のデータがそのまま書き込まれることに注意してください。

マイグレーション

■ performMigration(for:)

　指定の設定（Realm.Configuration構造体）のマイグレーションを必要であれば実行します（参照 第13章：マイグレーション）。

【宣言】
```
public static func performMigration(
                for configuration: Realm.Configuration =
                Realm.Configuration.defaultConfiguration) throws
```

【引数】configuration：マイグレーションとRealmを開くための設定（Realm.Configuration構造体）

【詳細】このメソッドは、初めてRealmを開くときに自動的に呼び出されるため、通常は明示的に呼び出す必要はありません。マイグレーションの実行タイミングをコントロールしたい場合に使用します。呼び出し毎に必ずマイグレーションが実行されるわけではなく、Realmファイルに保存されているスキーマバージョンより設定のスキーマバージョンが大きい、またはRealmファイルのスキーマと設定のスキーマが異なるかつdeleteRealmIfMigrationNeededがtrueの場合にマイグレーションが実行されます。

スレッド間のオブジェクトの受け渡し

■ resolve(_:)

ThreadSafeReferenceインスタンスが参照している同じオブジェクトを返します（参照 17.7 異なるスレッド間でオブジェクトを受け渡す）。参照しているオブジェクトがすでに削除されている場合はnilを返します。

【注意】ThreadSafeReferenceインスタインスからは1回のみオブジェクトの参照を解決する（取り出す）ことが可能です。2回目にオブジェクトの取り出しを行うと例外が発生します。ThreadSafeReferenceインスタンスからオブジェクトの参照を解決することに失敗した場合は、ThreadSafeReferenceインスタンスが解放されるまで、Realmの読み取りロックがかかります。書き込みトランザクション内では呼び出すことはできません。

【宣言】
```
public func resolve<Confined: ThreadConfined>(
                _ reference: ThreadSafeReference<Confined>) -> Confined?
```

【引数】reference：ThreadConfinedに準拠しているオブジェクトへのスレッドセーフな参照を含むThreadSafeReferenceインスタンス

【詳細】ThreadSafeReferenceが保持しているRealmが新しい場合は、このRealmインスタンスをリフレッシュします。

同値性

■ ==(_:_:)

2つのRealmインスタンスが等しいかをBool値で返します。

【宣言】
```
public static func == (lhs: Realm, rhs: Realm) -> Bool
```

A.1.3 Results

【宣言】
```
public final class Results<T: Object>: NSObject, NSFastEnumeration
```

Resultsクラスは、クエリの実行結果が自動で反映される読み取り専用のコレクションクラスです。Arrayとよく似たプロパティやメソッドを持っていますが、読み取り専用なのでappend(_:)やremove(at:)など要素を編集するメソッドを持っていません。Arrayと大きく異なる点は、Objectまたはそのサブクラスのみ格納できるというところです。List、Linking Objectsと同様にフィルタリングやソートが可能です。

Resultsは、現在のスレッド上の書き込みトランザクションも含め、現在のスレッド上のRealmの状態を反映します。自動更新の唯一の例外として、Resultsをfor-inループで列挙する場合に、列挙されるオブジェクトは自動更新に影響されず、ループ開始時点のすべてのオブジェクトが列挙されます（参照 9.5：自動更新の例外）。

　クエリの実行は、Results内の要素が実際に使用されるまで遅延されます。つまり、メソッドチェーンなどによって一時的にResultsオブジェクトが作られても、その時点ではクエリは実行されません（参照 8.5：クエリの遅延）。実際にクエリが実行された後、あるいはNotificationブロックが追加されたときは、ResultsはRealmに変更があるたびにバックグラウンドスレッドでクエリを実行し、自動的に最新の状態にアップデートされます（参照 11.3：通知ハンドラ - コレクションクラス）。なお、Resultsを直接インスタンス化することはできません。

プロパティ

■realm

　Resultsを管理しているRealmインスタンスを返します。オプショナル型ですが、nilを返すことはありません。

【宣言】
```
public var realm: Realm?
```

■isInvalidated

　オブジェクトが無効になりアクセスできなくなったかをBool値で返します。

【注意】無効になりアクセスできなくなったResultsは、**オブジェクト内の要素にアクセスすると例外が発生**します。データベースへのアクセスが発生しないrealmプロパティなどはアクセス可能です。

【宣言】
```
public var isInvalidated: Bool
```

【詳細】Resultsが無効になるのは、管理しているRealmが無効（Realmのinvalidate()が呼ばれる）になった場合です。

■count

　Results内のオブジェクトの数を返します。

【宣言】
```
public var count: Int
```

■ description
人が読める形式でオブジェクトの説明を文字列で返します。

【宣言】
```
public override var description: String
```

インデックスの取得

■ index(of:)
指定のモデルオブジェクトのインデックスを返します（**リストA.1.8**）。オブジェクトが存在しない場合は、nilを返します。

【宣言】
```
public func index(of object: T) -> Int?
```

【引数】 object：探したいモデルオブジェクト

○リストA.1.8：index(of:)の使用例
```
if let index = results.index(of: person) {
    // personはindex番目にある
} else {
    // personは含まれない
}
```

■ index(matching:)
指定の検索条件に最初に一致したオブジェクトを返します（**リストA.1.9**）。一致するオブジェクトが存在しない場合は、nilを返します。

【宣言】
```
public func index(matching predicate: NSPredicate) -> Int?
```

【引数】 predicate：オブジェクトをフィルタリングするための検索条件。

○リストA.1.9：index(matching:)の使用例
```
// ageが20以上のオブジェクトを探す検索条件
let age = 20
let predicate = NSPredicate(format: "age >= %d", age)
if let index = results.index(matching: predicate) {
    // 最初に検索条件に一致したオブジェクトは、index番目にある
} else {
    // 検索条件に一致するオブジェクトは含まれていない。
}
```

index(matching:_:)

指定の検索条件に最初に一致したオブジェクトを返します（リストA.1.10）。一致するオブジェクトが存在しない場合は、nilを返します。

【宣言】
```
public func index(matching predicateFormat: String, _ args: Any...) -> Int?
```

【引数】predicateFormat：述語フォーマット構文　（参照 8.4：クエリの構文）
　　　　args：述語フォーマットに対する可変長引数

○リストA.1.10：index(matching:_:)の使用例

```
// ageが20以上のオブジェクトを探す検索条件
let age = 20
if let index = results.index(matching: "age >= %d", age) {
    // 最初に検索条件に一致したオブジェクトは、index番目にある
} else {
    // 検索条件に一致するオブジェクトは含まれていない。
}
```

オブジェクトの取得

subscript(_:)

指定のインデックスの要素を返します。

【宣言】
```
public subscript(position: Int) -> T
```

【引数】index：取得するオブジェクトのインデックス
【詳細】この実装があるため、サブスクリプト構文でのアクセスが可能となっています（リストA.1.11）。

○リストA.1.11：サブスクリプト構文の使用例

```
let person = results[0] // サブスクリプト構文のgetter
```

first

Results内の先頭のオブジェクトを返します。空の場合は、nilを返します。

【宣言】
```
public var first: T?
```

last

Results内の末尾のオブジェクトを返します。空の場合は、nilを返します。

【宣言】
```
public var last: T?
```

キー値コーディング（KVC）

■ value(forKey:)

Results内のすべてのオブジェクトに対してvalue(forKey:)を実行して、その結果を配列で返します（リストA.1.12）。

【宣言】
```
public override func value(forKey key: String) -> Any?
```

○リストA.1.12：value(forKey:)の使用例

```
try! realm.write {
    realm.add([Cat(value: ["name": "Toto"]),
               Cat(value: ["name": "Rao"]),
               Cat(value: ["name": "Romero"])])
}
let results = realm.objects(Cat.self)
let names = results.value(forKeyPath: "name")
// namesは、[Toto, Rao, Romero]（オプショナル型） ※Resultsはソートされていないため順列は不定
```

■ value(forKeyPath:)

Results内のすべてのオブジェクトに対してvalue(forKeyPath:)を実行して、その結果を配列で返します（リストA.1.13）。

【宣言】
```
public override func value(forKeyPath keyPath: String) -> Any?
```

○リストA.1.13：value(forKeyPath:)の使用例

```
let hashs = results.value(forKeyPath: "name.hash")
```

■ setValue(_:forKey:)

Results内のすべてのオブジェクトに対してsetValue(_:forKey:)を実行して、値を変更します（リストA.1.14）。

【注意】書き込みトランザクション中にのみ呼び出すことができます。

【宣言】
```
public override func setValue(_ value: Any?, forKey key: String)
```

【引数】value：設定したい値
　　　　key：設定対象のプロパティの名前

○リストA.1.14：setValue(_:forKey:)の使用例

```
let realm = try! Realm()
try! realm.write {
    // results内のすべてのオブジェクトのageが0に変更されます。
    results.setValue(0, forKey: "age")
}
```

フィルタリング

■ filter(_:_:)

指定の検索条件に一致するオブジェクトを含むResultsクラスを返します（リストA.1.15、参照 8.3：クエリ（検索条件））。

【宣言】
```
public func filter(_ predicateFormat: String, _ args: Any...) -> Results<T>
```

【引数】predicateFormat：述語フォーマット構文（参照 8.4：クエリの構文）
args：述語フォーマットに対する可変長引数

○リストA.1.15：filter(_:_:)の使用例

```
// ageが20以上でフィルタリング
let age = 20
results = results.filter("age >= %d", age)
```

■ filter(_:)

指定の検索条件に一致するオブジェクトを含むResultsクラスを返します（リストA.1.16、参照 8.3：クエリ（検索条件））。

【宣言】
```
public func filter(_ predicate: NSPredicate) -> Results<T>
```

【引数】predicate：オブジェクトをフィルタリングするための検索条件

○リストA.1.16：filter(_:)の使用例

```
// ageが20以上でフィルタリング
let age = 20
let predicate = NSPredicate(format: "age >= %d", age)
results = results.filter(predicate)
```

ソート

■ sorted(byKeyPath:ascending:)

指定の条件でソートされたResultsインスタンスを返します（リストA.1.17、参照 8.2：検索結果（Resultsクラス）－ソート（並び替え）する）。

【宣言】
```
public func sorted(byKeyPath keyPath: String,
                   ascending: Bool = true) -> Results<T>
```

【引数】keyPath：並び替えに使用するプロパティ値のキーパス
ascending：ソート順は昇順か

【戻り値】指定の条件でソートされたResultsインスタンス。
【詳細】サポートしている型は、Bool、Int、Float、Double、String、Dateです。

○リスト A.1.17：sorted(byKeyPath:ascending:)の使用例

```
// ageで昇順ソート
results = results.sorted(byKeyPath: "age",
                         ascending: true)
```

■ sorted(by:)

指定のソート条件でソートされたResultsクラスを返します（リストA.1.18、参照 8.2：検索結果（Resultsクラス）－ソート（並び替え）する）。

【宣言】
```
public func sorted<S: Sequence>(by sortDescriptors: S)
                -> Results<T> where S.Iterator.Element == SortDescriptor
```

【引数】sortDescriptors：SortDescriptorの配列（参照 A.2.4：SortDescriptor）
【戻り値】指定の条件でソートされたResultsインスタンス。
【詳細】サポートしている型は、Bool、Int、Float、Double、String、Dateです。

○リスト A.1.18：sorted(by:)の使用例

```
// name、ageの優先順で昇順ソートする。
let sortDescriptors = [SortDescriptor(keyPath: "name", ascending: true),
                       SortDescriptor(keyPath: "age", ascending: true)]
results = results.sorted(by: sortDescriptors)
```

集計操作

■ min(ofProperty:)

Results内のすべてのオブジェクトから、指定されたプロパティの最小値を返します。Resultsが空の場合はnilを返します。

【注意】MinMaxTypeプロトコルに準拠しているプロパティのみ指定ができます（参照 A.4.3：MinMaxType）。

【宣言】
```
public func min<U: MinMaxType>(ofProperty property: String) -> U?
```

【引数】property：最小値が必要なプロパティの名前

■ max(ofProperty:)

Results内のすべてのオブジェクトから、指定されたプロパティの最大値を返します。Resultsが空の場合はnilを返します。

【注意】MinMaxTypeプロトコルに準拠しているプロパティのみ指定ができます（参照 A.4.3：MinMaxType）。

【宣言】
```
public func max<U: MinMaxType>(ofProperty property: String) -> U?
```

【引数】property：最大値が必要なプロパティの名前

■ sum(ofProperty:)

Results内のすべてのオブジェクトから、指定されたプロパティの合計値を返します。Resultsが空の場合はnilを返します。

【注意】AddableTypeプロトコルに準拠しているプロパティのみ指定ができます（参照 A.4.4：AddableType）。

【宣言】
```
public func sum<U: AddableType>(ofProperty property: String) -> U
```

【引数】property：合計値が必要なプロパティの名前

■ average(ofProperty:)

Results内のすべてのオブジェクトから、指定されたプロパティの平均値を返します。Resultsが空の場合はnilを返します。

【注意】AddableTypeプロトコルに準拠しているプロパティのみ指定ができます（参照 A.4.4：AddableType）。

【宣言】
```
public func average<U: AddableType>(ofProperty property: String) -> U?
```

【引数】property：平均値が必要なプロパティの名前

通知

■ addNotificationBlock(_:)

Results内が変更されたときの通知ハンドラを追加し、NotificationTokenインスタンス（参照 A.5.2：タイプエイリアス）を返します（参照 第11章：通知）。

【注意】書き込みトランザクション中、または管理しているRealmが読み取り専用の場合は例外が発生します。

【宣言】
```
public func addNotificationBlock(
            _ block: @escaping (RealmCollectionChange<Results>) -> Void)
                                                -> NotificationToken
```

【引数】block：データが更新されたときに呼び出される通知ハンドラのクロージャ。引数は、RealmCollectionChange<Results<T>>を持ちます。

【戻り値】NotificationTokenインスタンスを返します（参照 A.5.2：タイプエイリアス）。

【詳細】通知ハンドラの引数には、コレクションの変更に関する情報をカプセル化したRealmCollectionChange列挙型が渡されます（参照 A.3.2：RealmCollectionChange）。RealmCollectionChangeにはinitial、update、error が定義されており、コレクションの変更状況に応じた処理に対応できます。詳しくは、11.3：通知ハンドラ－コレクションクラスを参照してください。具体例として、UITableViewの更新に使用する方法も記載しています。

通知ハンドラは、次の特徴があります。

- 追加したスレッドと同じスレッドで呼び出される
- 変更毎に必ず通知されるわけではなく、複数のトランザクションで同時に変更がされた場合などは通知が1つにまとめられることもある
- 各書き込みトランザクションがコミットされた後に、スレッドまたはプロセスとは独立して呼び出される
- 現在の実行ループのスレッドからのみ追加できる。バックグラウンドスレッドで実行ループを作成し実行している場合を除き、通常はメインスレッドのみになる
- 実行ループが他のアクティビティによりブロックされている間は、通知されない

通知は戻り値の**NotificationToken**インスタンスを**強参照している間が有効**になります。通知を停止する場合は、NotificationTokenのstop()を呼びます。

シーケンスのサポート

■ makeIterator()

LinkingObjects内の連続した要素を生成するRLMIteratorを返します（参照 A.1.12：RLMIterator）。

【宣言】
```
public func makeIterator() -> RLMIterator<T>
```

Collectionのサポート

■ startIndex
空でないコレクション内の先頭の要素の位置を返す。空のコレクション内のendIndexと同じです。

【宣言】
```
public var startIndex: Int
```

■ endIndex
コレクションの末尾を超えたインデックスです。添え字アクセスが有効なインデックスではないです。

【宣言】
```
public var endIndex: Int
```

■ index(after:)
引数の次のインデックスを返します。

【宣言】
```
public func index(after i: Int) -> Int
```

【引数】i：コレクションの有効なインデックス（iはendIndexより小さくなければならない）
【戻り値】iの次のインデックス

■ index(before:)
引数の前のインデックスを返します。

【宣言】
```
public func index(before i: Int) -> Int
```

【引数】i：コレクションの有効なインデックス（iはstartIndexより大きい必要がある）
【戻り値】iの前のインデックス

A.1.4 List

【宣言】
```
public final class List<T: Object>: ListBase
```

Listクラスは、モデルオブジェクトの1対多の関連を定義するのに使用するコレクション

クラスです（リストA.1.19、参照 5.2：プロパティ－1対多の関連（Listクラス））。

Listクラスは、コレクションクラスでArrayとよく似たプロパティやメソッドを持っています。Arrayと大きく異なる点は、Objectまたはそのサブクラスのみを格納できるというところです。

Results、LinkingObjectsと同様にフィルタリングやソートが可能です。Listのプロパティはletで宣言し、dynamicを使用しません。これは動的ディスパッチを利用したときに使われるObjective-Cランタイムではジェネリクスを表現できないためです。Listの初期化にはジェネリクスが使用されているため、型パラメータ（例だと<Cat>の部分）が必要となります。

Swiftのコレクションとは異なり、Listは参照型です。なお、読み取り専用のRealmの場合は、要素は不変です。

○リストA.1.19：Listのモデル定義例

```
class Person: Object {
    let cats = List<Cat>() // Catモデルと1対多の関連
}
class Cat: Object {
}
```

初期化子

■ init()

指定の型パラメータのモデルオブジェクトを保持するListインスタンスを生成します。

【宣言】
```
public override init()
```

【詳細】Listの初期化にはジェネリクスが使用されているため、型パラメータ（リストA.1.20の定義例だと<Cat>の部分）が必要となります。

○リストA.1.20：init()の使用例

```
class Person: Object {
    let cats = List<Cat>() // Catモデルと1対多の関連
}
class Cat: Object {
}
```

プロパティ

■ realm

Listを管理しているRealmインスタンスを返します。

【宣言】
```
public var realm: Realm?
```

【詳細】realmへの参照がある場合はマネージドオブジェクトで、nilの場合はアンマネージドオブジェクトです（参照 7.3：アンマネージドオブジェクト／マネージドオブジェクト）。

■ isInvalidated

オブジェクトが無効になりアクセスできなくなったかをBool値で返します。

【注意】無効になりアクセスできなくなったListオブジェクトは、**オブジェクト内の要素にアクセスすると例外が発生**します。

【宣言】
```
public var isInvalidated: Bool
```

【詳細】Listオブジェクトが無効になるのは、該当のListが定義されているモデルオブジェクトがRealmから削除されたり、管理しているRealmが無効（Realmのinvalidate()が呼ばれる）になった場合です。

■ count

List内のオブジェクトの数を返します。

【宣言】
```
public var count: Int
```

【詳細】親クラスのListBase（内部クラス）に定義されています。

インデックスの取得

■ index(of:)

指定のモデルオブジェクトのインデックスを返します（リストA.1.21）。オブジェクトが存在しない場合は、nilを返します。

【宣言】
```
public func index(of object: T) -> Int?
```

【引数】object：探したいモデルオブジェクト

○リスト A.1.21：index(of:)の使用例

```
if let index = person.cats.index(of: cat) {
    // catはindex番目にある
} else {
    // catは含まれない
}
```

■ index(matching:)

指定の検索条件に最初に一致したオブジェクトを返します（**リスト A.1.22**）。一致するオブジェクトが存在しない場合は、nilを返します。

【宣言】
```
public func index(matching predicate: NSPredicate) -> Int?
```

【引数】predicate：オブジェクトをフィルタリングするための検索条件

○リスト A.1.22：index(matching:)の使用例

```
// ageが2以上のオブジェクトを探す検索条件
let age = 2
let predicate = NSPredicate(format: "age >= %d", age)
if let index = person.cats.index(matching: predicate) {
    // 最初に検索条件に一致したオブジェクトは、index番目にある
} else {
    // 検索条件に一致するオブジェクトは含まれていない。
}
```

■ index(matching:_:)

指定の検索条件に最初に一致したオブジェクトを返します（**リスト A.1.23**）。一致するオブジェクトが存在しない場合は、nilを返します。

【宣言】
```
public func index(matching predicateFormat: String, _ args: Any...) -> Int?
```

【引数】predicateFormat：述語フォーマット構文（参照 8.4：クエリの構文）
　　　　args：述語フォーマットに対する可変長引数

○リスト A.1.23：index(matching:_:)の使用例

```
// ageが2以上のオブジェクトを探す検索条件
let age = 2
if let index = person.cats.index(matching: "age >= %d", age) {
    // 最初に検索条件に一致したオブジェクトは、index番目にある
} else {
    // 検索条件に一致するオブジェクトは含まれていない。
}
```

オブジェクトの取得

■ subscript(_:)

指定のインデックスの要素を取得または置換します。

【注意】マネージドオブジェクトで要素を変更する場合は、書き込みトランザクション中のみ呼び出すことができます。

【宣言】
```
public subscript(position: Int) -> T
```

【引数】index：取得または置換するオブジェクトのインデックス

【詳細】この実装があるため、サブスクリプト構文（リストA.1.24）でのアクセスが可能となっています。

○リストA.1.24：サブスクリプト構文の使用例

```
person.cats[0] = Cat(value: ["Romero", 3])  // サブスクリプト構文のsetter
let cat = person.cats[0]  // サブスクリプト構文のgetter
```

■ first

List内の先頭のオブジェクトを返します。空の場合は、nilを返します。

【宣言】
```
public var first: T?
```

■ last

List内の末尾のオブジェクトを返します。空の場合は、nilを返します。

【宣言】
```
public var last: T?
```

キー値コーディング（KVC）

■ value(forKey:)

List内のすべてのオブジェクトに対してvalue(forKey:)を実行して、その結果を配列で返します（リストA.1.25）。

【宣言】
```
public override func value(forKey key: String) -> Any?
```

○リスト A.1.25：value(forKey:)の使用例

```
person.cats.append(objectsIn: [Cat(value: ["Toto", 1]),
                               Cat(value: ["Rao", 2])])
let names = person.cats.value(forKey: "name")
// namesは ["Toto", "Rao"] (オプショナル型)
```

■ value(forKeyPath:)

List内のすべてのオブジェクトに対してvalue(forKeyPath:)を実行して、その結果を配列で返します（リスト A.1.26）。

【宣言】
```
public override func value(forKeyPath keyPath: String) -> Any?
```

○リスト A.1.26：value(forKeyPath:)の使用例

```
let hashs = person.cats.value(forKeyPath: "name.hash")
```

■ setValue(_:forKey:)

List内のすべてのオブジェクトに対してsetValue(_:forKey:)を実行して、値を変更します（リスト A.1.27）。

【注意】マネージドオブジェクトの場合は、書き込みトランザクション中のみ呼び出すことができます。

【宣言】
```
public override func setValue(_ value: Any?, forKey key: String)
```

【引数】value：設定したい値
　　　　key：設定対象のプロパティの名前

○リスト A.1.27：setValue(_:forKey:)の使用例

```
// cats内のすべてのオブジェクトのageが0に変更されます。
person.cats.setValue(0, forKey: "age")
```

フィルタリング

■ filter(_:_:)

指定の検索条件に一致するオブジェクトを含むResultsクラスを返します（リスト A.1.28、参照 8.3：クエリ（検索条件））。

【注意】マネージドオブジェクトでないと使用できません（例外が発生します）。

Appendix A：APIリファレンス

【宣言】
```
public func filter(_ predicateFormat: String, _ args: Any...) -> Results<T>
```

【引数】 predicateFormat：述語フォーマット構文（参照 8.4：クエリの構文）
args：述語フォーマットに対する可変長引数

○リスト A.1.28：filter(_:_:)の使用例

```
let age = 2
let results = person.cats.filter("age >= %d", age) // ageが2以上でフィルタリング
```

■ filter(_:)

指定の検索条件に一致するオブジェクトを含むResultsクラスを返します（リスト A.1.29、参照 8.3：クエリ（検索条件））。

【注意】 マネージドオブジェクトでないと使用できません（例外が発生します）。

【宣言】
```
public func filter(_ predicate: NSPredicate) -> Results<T>
```

【引数】 predicate：オブジェクトをフィルタリングするための検索条件

○リスト A.1.29：filter(_:)の使用例

```
// ageが2以上でフィルタリング
let age = 2
let predicate = NSPredicate(format: "age >= %d", age)
let results = person.cats.filter(predicate)
```

ソート

■ sorted(byKeyPath:ascending:)

指定の条件でソートされたResultsインスタンスを返します（リスト A.1.30、参照 8.2：検索結果（Resultsクラス）－ソート（並び替え）する）。

【宣言】
```
public func sorted(byKeyPath keyPath: String,
                   ascending: Bool = true) -> Results<T>
```

【引数】 keyPath：並び替えに使用するプロパティ値のキーパス
ascending：ソート順は昇順か

【戻り値】 指定の条件でソートされたResultsインスタンス

【詳細】 サポートしている型は、Bool、Int、Float、Double、String、Dateです。

○リスト A.1.30：sorted(byKeyPath:ascending:) の使用例

```
// ageで昇順ソート
let results = person.cats.sorted(byKeyPath: "age",
                                 ascending: true)
```

■ sorted(by:)

指定のソート条件でソートされた Results クラスを返します（リスト A.1.31、参照 8.2：検索結果（Results クラス）ソート（並び替え）する）。

【宣言】
```
public func sorted<S: Sequence>(by sortDescriptors: S)
        -> Results<T> where S.Iterator.Element == SortDescriptor
```

【引数】sortDescriptors: SortDescriptor の配列（参照 A.2.4：SortDescriptor）
【戻り値】指定の条件でソートされた Results インスタンス
【詳細】サポートしている型は、Bool、Int、Float、Double、String、Date です。

○リスト A.1.31：sorted(by:) の使用例

```
// name、ageの優先順で昇順ソートする。
let sortDescriptors = [SortDescriptor(keyPath: "name", ascending: true),
                       SortDescriptor(keyPath: "age", ascending: true)]
let results = person.cats.sorted(by: sortDescriptors)
```

集計操作

■ min(ofProperty:)

List 内のすべてのオブジェクトから、指定されたプロパティの最小値を返します。List が空の場合は nil を返します。

【注意】MinMaxType プロトコルに準拠しているプロパティのみ指定ができます（参照 A.4.3：MinMaxType）。

【宣言】
```
public func min<U: MinMaxType>(ofProperty property: String) -> U?
```

【引数】property：最小値が必要なプロパティの名前

■ max(ofProperty:)

List 内のすべてのオブジェクトから、指定されたプロパティの最大値を返します。List が空の場合は nil を返します。

【注意】MinMaxType プロトコルに準拠しているプロパティのみ指定ができます（参照 A.4.3：MinMaxType）。

【宣言】
```
public func max<U: MinMaxType>(ofProperty property: String) -> U?
```
【引数】property：最大値が必要なプロパティの名前

■ sum(ofProperty:)

　List内のすべてのオブジェクトから、指定されたプロパティの合計値を返します。Listが空の場合はnilを返します。

【注意】AddableTypeプロトコルに準拠しているプロパティのみ指定ができます（参照 A.4.4: AddableType）。

【宣言】
```
public func sum<U: AddableType>(ofProperty property: String) -> U
```
【引数】property：合計値が必要なプロパティの名前

■ average(ofProperty:)

　List内のすべてのオブジェクトから、指定されたプロパティの平均値を返します。Listが空の場合はnilを返します。

【注意】AddableTypeプロトコルに準拠しているプロパティのみ指定ができます（参照 A.4.4: AddableType）。

【宣言】
```
public func average<U: AddableType>(ofProperty property: String) -> U?
```
【引数】property：平均値が必要なプロパティの名前

変更

■ append(_:)

　指定のモデルオブジェクトをListの末尾に追加します。

【注意】マネージドオブジェクトの場合は、書き込みトランザクション中のみ呼び出すことができます。

【宣言】
```
public func append(_ object: T)
```
【引数】object：末尾に追加するモデルオブジェクト

■ append(objectsIn:)

　指定のコレクションをListの末尾に追加します。

【注意】マネージドオブジェクトの場合は、書き込みトランザクション中のみ呼び出すことができます。

【宣言】
```
public func append<S: Sequence>(objectsIn objects: S)
                                    where S.Iterator.Element == T
```

【引数】objects：末尾に追加するモデルオブジェクトのコレクション

■ insert(_:at:)
指定のインデックスに指定のモデルオブジェクトを挿入します。

【注意】マネージドオブジェクトの場合は、書き込みトランザクション中のみ呼び出すことができます。無効なインデックスが指定された場合は、例外が発生します。

【宣言】
```
public func insert(_ object: T, at index: Int)
```

【引数】object：挿入するモデルオブジェクト
　　　　index：オブジェクトを挿入するインデックス

■ remove(objectAtIndex:)
指定のインデックスにあるモデルオブジェクトを取り除きます。**モデルオブジェクトはListの要素から取り除かれるだけで、データベースからは削除されません。**

【注意】マネージドオブジェクトの場合は、書き込みトランザクション中のみ呼び出すことができます。無効なインデックスが指定された場合は、例外が発生します。

【宣言】
```
public func remove(objectAtIndex index: Int)
```

【引数】index：削除するモデルオブジェクトのインデックス

■ removeLast()
List内の末尾のモデルオブジェクトを取り除きます。**モデルオブジェクトはListの要素から取り除かれるだけで、データベースからは削除されません。**

【注意】マネージドオブジェクトの場合は、書き込みトランザクション中のみ呼び出すことができます。

【宣言】
```
public func removeLast()
```

■ removeAll()

Listからすべてのモデルオブジェクトを取り除きます。**モデルオブジェクトはListの要素から取り除かれるだけで、データベースからは削除されません。**

【注意】マネージドオブジェクトの場合は、書き込みトランザクション中のみ呼び出すことができます。

【宣言】
```
public func removeAll()
```

■ replace(index:object:)

指定のインデックスにあるモデルオブジェクトを指定のモデルオブジェクトと置き換えます。

【注意】マネージドオブジェクトの場合は、書き込みトランザクション中のみ呼び出すことができます。無効なインデックスが指定された場合は、例外が発生します。

【宣言】
```
public func replace(index: Int, object: T)
```

【引数】index：置き換えられるオブジェクトのインデックス
　　　　object：追加するモデルオブジェクト

■ move(from:to:)

List内のモデルオブジェクトを指定のインデックスから指定のインデックスに移動します。

【注意】マネージドオブジェクトの場合は、書き込みトランザクション中のみ呼び出すことができます。無効なインデックスが指定された場合は、例外が発生します。

【宣言】
```
public func move(from: Int, to: Int)
```

【引数】from：移動したいモデルオブジェクトのインデックス
　　　　to：fromのモデルオブジェクトが移動する先のインデックス

■ swap(index1:_:)

List内のモデルオブジェクトを指定のインデックス同士で交換します。

【注意】マネージドオブジェクトの場合は、書き込みトランザクション中にのみ呼び出すことができます。無効なインデックスが指定された場合は、例外が発生します。

【宣言】
```
public func swap(index1: Int, _ index2: Int)
```

【引数】index1：index2と交換したいモデルオブジェクトのインデックス
index2：index1と交換したいモデルオブジェクトのインデックス

通知

■addNotificationBlock(_:)

　List内が変更されたときの通知ハンドラを追加し、NotificationTokenインスタンス（参照 A.5.2：タイプエイリアス）を返します（参照 第11章：通知）。

【注意】書き込みトランザクション中、または管理しているRealmが読み取り専用の場合は例外が発生します。

【宣言】
```
public func addNotificationBlock(
        _ block: @escaping (RealmCollectionChange<List>) -> Void)
                                            -> NotificationToken
```

【引数】block：データが更新されたときに呼び出される通知ハンドラのクロージャ（引数は、RealmCollectionChange<List<T>>を持つ）

【戻り値】NotificationTokenインスタンス（参照 A.5.2：タイプエイリアス）を返します。

【詳細】通知ハンドラの引数には、コレクションの変更に関する情報をカプセル化したRealmCollectionChange列挙型が渡されます（参照 A.3.2：RealmCollectionChange）。RealmCollectionChangeにはinitial、update、errorが定義されており、コレクションの変更状況に応じた処理に対応できます。詳しくは、11.3：通知ハンドラ-コレクションクラスを参照してください。具体例として、UITableViewの更新に使用する方法も記載しています。

　通知ハンドラは、次の特徴があります。

- 追加したスレッドと同じスレッドで呼び出される
- 変更毎に必ず通知されるわけではなく、複数のトランザクションで同時に変更がされた場合などは通知が1つにまとめられることもある
- 各書き込みトランザクションがコミットされた後に、スレッドまたはプロセスとは独立して呼び出される
- 現在の実行ループのスレッドからのみ追加できる。バックグラウンドスレッドで実行ループを作成し実行している場合を除き、通常はメインスレッドのみになる
- 実行ループが他のアクティビティによりブロックされている間は、通知されない

　通知は戻り値の**NotificationTokenインスタンスを強参照している間が有効**になります。通知を停止する場合は、NotificationTokenのstop()を呼びます。

シーケンスのサポート

■ makeIterator()

List内の連続した要素を生成するRLMIteratorを返します（参照 A.1.12：RLMIterator）。

【宣言】
```
public func makeIterator() -> RLMIterator<T>
```

RangeReplaceableCollectionのサポート

■ replaceSubrange(_:with:)

指定のsubrangeをnewElementsに置き換えます。

【宣言】
```
public func replaceSubrange<C: Collection>(_ subrange: Range<Int>,
                                           with newElements: C)
                                    where C.Iterator.Element == T
```

【引数】subrange：置き換えられる要素の範囲
　　　　newElements：リストに新たに挿入される要素

■ startIndex

空でないコレクション内の先頭の要素の位置を返す。空のコレクション内のendIndexと同じです。

【宣言】
```
public var startIndex: Int
```

■ endIndex

コレクションの末尾を超えたインデックスです。添え字アクセスが有効なインデックスではないです。

【宣言】
```
public var endIndex: Int
```

■ index(after:)

引数の次のインデックスを返します。

【宣言】
```
public func index(after i: Int) -> Int
```

【引数】i：コレクションの有効なインデックス（iはendIndexより小さくなければならない）
【戻り値】iの次のインデックス

■ index(before:)

引数の前のインデックスを返します。

【宣言】
```
public func index(before i: Int) -> Int
```

【引数】i：コレクションの有効なインデックス（iはstartIndexより大きい必要がある）
【戻り値】iの前のインデックス

A.1.5 LinkingObjects

【宣言】
```
public final class LinkingObjects<T: Object>: LinkingObjectsBase
```

LinkingObjectsクラスは、モデルオブジェクトの逆方向の関連（バックリンク）を定義するのに使用する自動更新される読み取り専用のコレクションクラスです（参照 5.2：プロパティ－逆方向の関連（LinkingObjectsクラス）、リストA.1.32）。

LinkingObjectクラスは、Arrayとよく似たプロパティやメソッドを持っていますが、読み取り専用なのでappend(_:)やremove(at:)など要素を編集するメソッドを持っていません。Arrayと大きく異なる点は、Objectまたはそのサブクラスのみ格納できるというところです。Results、Listと同様にフィルタリングやソートが可能です。

LinkingObjectsは、現在のスレッド上の書き込みトランザクションも含め、現在のスレッド上のRealmの状態を反映します。自動更新の唯一の例外として、LinkingObjectsをfor-inループで列挙する場合に、列挙されるオブジェクトは自動更新に影響されず、ループ開始時点のすべてのオブジェクトが列挙されます（参照 第9章：自動更新（ライブアップデート））。LinkingObjectsは、モデル定義のプロパティとしてのみ使用できます。プロパティはletで

○リストA.1.32：LinkingObjectsのモデル定義例

```
class Person: Object {
    dynamic var dog: Dog? // Dogモデルと1対1の関連
    let cats = List<Cat>() // Catモデルと1対多の関連
}

class Dog: Object {
    // 逆方向の関連
    let persons = LinkingObjects(fromType: Person.self,
                                 property: "dog")
}
class Cat: Object {
    // 逆方向の関連
    let persons = LinkingObjects(fromType: Person.self,
                                 property: "cats")
}
```

宣言し、dynamicを使用しません。これは動的ディスパッチを利用したときに使われるObjective-Cランタイムではジェネリクスを表現できないためです。

初期化子

■ init(fromType:property:)

LinkingObjectsを生成します（**リストA.1.33**）。これは、モデル定義でプロパティを宣言するときのみ使用します（参照 5.2：プロパティ−逆方向の関連（LinkingObjectsクラス））。

【宣言】
```
public init(fromType type: T.Type, property propertyName: String)
```

【引数】 type：逆方向の関連が参照するプロパティが定義されているモデルオブジェクトの型
propertyName：逆方向の関連が参照するプロパティの名前

○リストA.1.33：init(fromType:property:)の使用例

```
class Person: Object {
    dynamic var dog: Dog? // Dogモデルと1対1の関連
    let cats = List<Cat>() // Catモデルと1対多の関連
}

class Dog: Object {
    // 逆方向の関連
    let persons = LinkingObjects(fromType: Person.self,
                                 property: "dog")
}
class Cat: Object {
    // 逆方向の関連
    let persons = LinkingObjects(fromType: Person.self,
                                 property: "cats")
}
```

プロパティ

■ realm

LinkingObjectsを管理しているRealmインスタンスを返します。

【宣言】
```
public var realm: Realm?
```

【詳細】realmへの参照がある場合はマネージドオブジェクトで、nilの場合はアンマネージドオブジェクトです（参照 7.3：アンマネージドオブジェクト／マネージドオブジェクト）。

■ isInvalidated

オブジェクトが無効になりアクセスできなくなったかをBool値で返します。

【注意】 無効になりアクセスできなくなったLinkingObjectsオブジェクトは、**オブジェクト内の要素にアクセスすると例外が発生**します。データベースへのアクセスが発生しないrealmなどのプロパティはアクセス可能です。

【宣言】
```
public var isInvalidated: Bool
```

【詳細】 LinkingObjectsオブジェクトが無効になるのは、管理しているRealmが無効（Realmのinvalidate()が呼ばれる）になった場合です。LinkingObjectsが定義されているモデルオブジェクトが無効になってもLinkingObjectsは無効になりません。ただし、逆方向の関連はなくなっているので、結果として空になります。

■ count

コレクション内のオブジェクトの数を返します。

【宣言】
```
public var count: Int
```

■ description

人が読める形式でオブジェクトの説明を文字列で返します。

【宣言】
```
public override var description: String
```

インデックスの取得

■ index(of:)

指定のモデルオブジェクトのインデックスを返します（**リストA.1.34**）。オブジェクトが存在しない場合は、nilを返します。

【宣言】
```
public func index(of object: T) -> Int?
```

【引数】 object：探したいモデルオブジェクト

○リストA.1.34：index(of:)の使用例

```
if let index = cat.persons.index(of: person) {
    // personはindex番目にある
} else {
    // personは含まれない
}
```

index(matching:)

指定の検索条件に最初に一致したオブジェクトを返します（リストA.1.35）。一致するオブジェクトが存在しない場合は、nilを返します。

【宣言】
```
public func index(matching predicate: NSPredicate) -> Int?
```

【引数】predicate：オブジェクトをフィルタリングするための検索条件

○リストA.1.35：index(matching:)の使用例

```
// ageが20以上のオブジェクトを探す検索条件
let age = 20
let predicate = NSPredicate(format: "age >= %d", age)
if let index = cat.persons.index(matching: predicate) {
    // 最初に検索条件に一致したオブジェクトは、index番目にある
} else {
    // 検索条件に一致するオブジェクトは含まれていない。
}
```

index(matching:_:)

指定の検索条件に最初に一致したオブジェクトを返します（リストA.1.36）。一致するオブジェクトが存在しない場合は、nilを返します。

【宣言】
```
public func index(matching predicateFormat: String, _ args: Any...) -> Int?
```

【引数】predicateFormat：述語フォーマット構文（参照 8.4：クエリの構文）
args：述語フォーマットに対する可変長引数

○リストA.1.36：index(matching:_:)の使用例

```
// ageが20以上のオブジェクトを探す検索条件
let age = 20
if let index = person.cats.index(matching: "age >= %d", age) {
    // 最初に検索条件に一致したオブジェクトは、index番目にある
} else {
    // 検索条件に一致するオブジェクトは含まれていない。
}
```

オブジェクトの取得

subscript(_:)

指定のインデックスの要素を返します。

【宣言】
```
public subscript(index: Int) -> T
```

【引数】index：取得するオブジェクトのインデックス

【詳細】
この実装があるため、リストA.1.37でのアクセスが可能となっています。

○リストA.1.37：サブスクリプト構文の使用例

```
let person = cat.persons[0]  // サブスクリプト構文のgetter
```

■ first

LinkingObjects内の先頭のオブジェクトを返します。空の場合は、nilを返します。

【宣言】
```
public var first: T?
```

■ last

LinkingObjects内の末尾のオブジェクトを返します。空の場合は、nilを返します。

【宣言】
```
public var last: T?
```

キー値コーディング（KVC）

■ value(forKey:)

LinkingObjects内のすべてのオブジェクトに対してvalue(forKey:)を実行して、その結果を配列で返します（リストA.1.38）。

【宣言】
```
public override func value(forKey key: String) -> Any?
```

○リストA.1.38：value(forKey:)の使用例

```
let cat = Cat(value: ["Toto": 1])

try! realm.write {
    realm.add([Person(value: ["name": "Yu",
                              "cats": [cat]]),
               Person(value: ["name": "Tomonori",
                              "cats": [cat]])])
}

let names = cat.persons.value(forKey: "name")
// namesは、["Yu", "Tomonori"]（オプショナル型） ※LinkingObjectsはソートされていないため順列は不定
```

■ value(forKeyPath:)

LinkingObjects内のすべてのオブジェクトに対してvalue(forKeyPath:)を実行して、その結果を配列で返します（リストA.1.39）。

【宣言】
```
public override func value(forKeyPath keyPath: String) -> Any?
```

○リスト A.1.39：value(forKeyPath:) の使用例

```
let hashs = cat.persons.value(forKeyPath: "name.hash")
```

■ setValue(_:forKey:)

　LinkingObjects 内のすべてのオブジェクトに対して setValue(_:forKey:) を実行して、値を変更します（リスト A.1.40）。

【注意】マネージドオブジェクトの場合は、書き込みトランザクション中にのみ呼び出すことができます。

【宣言】
```
public override func setValue(_ value: Any?, forKey key: String)
```

【引数】value：設定したい値
　　　　key：設定対象のプロパティの名前

○リスト A.1.40：setValue(_:forKey:) の使用例

```
let realm = try! Realm()
try! realm.write {
    // persons内のすべてのオブジェクトのageが20に変更されます。
    cat.persons.setValue(20, forKey: "age")
}
```

フィルタリング

■ filter(_:_:)

　指定の検索条件に一致するオブジェクトを含む Results クラスを返します（リスト A.1.41、参照 8.3：クエリ（検索条件））。

【宣言】
```
public func filter(_ predicateFormat: String, _ args: Any...) -> Results<T>
```

【引数】predicateFormat：述語フォーマット構文（参照 8.4：クエリの構文）
　　　　args：述語フォーマットに対する可変長引数

○リスト A.1.41：filter(_:_:) の使用例

```
// ageが20以上でフィルタリング
let age = 20
let results = cat.persons.filter("age >= %d", age)
```

■ filter(_:)

指定の検索条件に一致するオブジェクトを含むResultsクラスを返します（リストA.1.42、参照 8.3：クエリ（検索条件））。

【宣言】
```
public func filter(_ predicate: NSPredicate) -> Results<T>
```

【引数】predicate：オブジェクトをフィルタリングするための検索条件

○リストA.1.42：filter(_:)の使用例

```
// ageが20以上でフィルタリング
let age = 20
let predicate = NSPredicate(format: "age >= %d", age)
let results = cat.persons.filter(predicate)
```

ソート

■ sorted(byKeyPath:ascending:)

指定の条件でソートされたResultsインスタンスを返します（リストA.1.43、参照 8.2：検索結果（Resultsクラス）ソート（並び替え）する）。

【宣言】
```
public func sorted(byKeyPath keyPath: String,
                   ascending: Bool = true) -> Results<T>
```

【引数】keyPath：並び替えに使用するプロパティ値のキーパス
ascending：ソート順は昇順か
【戻り値】指定の条件でソートされたResultsインスタンス
【詳細】サポートしている型は、Bool、Int、Float、Double、String、Dateです。

○リストA.1.43：sorted(byKeyPath:ascending:)の使用例

```
// ageで昇順ソート
let results = cat.persons.sorted(byKeyPath: "age",
                                 ascending: true)
```

■ sorted(by:)

指定のソート条件でソートされたResultsクラスを返します（リストA.1.44、参照 8.2：検索結果（Resultsクラス）－ソート（並び替え）する）。

【宣言】
```
public func sorted<S: Sequence>(by sortDescriptors: S)
           -> Results<T> where S.Iterator.Element == SortDescriptor
```

【引数】sortDescriptors：SortDescriptorの配列（参照 A.2.4：SortDescriptor）
【戻り値】指定の条件でソートされたResultsインスタンス
【詳細】サポートしている型は、Bool、Int、Float、Double、String、Dateです。

Appendix A：API リファレンス

○リスト A.1.44：sorted(by:) の使用例

```
// name、ageの優先順で昇順ソートする。
let sortDescriptors = [SortDescriptor(keyPath: "name", ascending: true),
                       SortDescriptor(keyPath: "age", ascending: true)]
let results = cat.persons.sorted(by: sortDescriptors)
```

集計操作

■ min(ofProperty:)

　LinkingObjects 内のすべてのオブジェクトから、指定されたプロパティの最小値を返します。LinkingObjects が空の場合は nil を返します。

【注意】MinMaxType プロトコルに準拠しているプロパティのみ指定ができます（参照 A.4.3: MinMaxType）。

【宣言】
```
public func min<U: MinMaxType>(ofProperty property: String) -> U?
```

【引数】property：最小値が必要なプロパティの名前

■ max(ofProperty:)

　LinkingObjects 内のすべてのオブジェクトから、指定されたプロパティの最大値を返します。LinkingObjects が空の場合は nil を返します。

【注意】MinMaxType プロトコルに準拠しているプロパティのみ指定ができます（参照 A.4.3: MinMaxType）。

【宣言】
```
public func max<U: MinMaxType>(ofProperty property: String) -> U?
```

【引数】
property：最大値が必要なプロパティの名前

■ sum(ofProperty:)

　LinkingObjects 内のすべてのオブジェクトから、指定されたプロパティの合計値を返します。LinkingObjects が空の場合は nil を返します。

【注意】AddableType プロトコルに準拠しているプロパティのみ指定ができます（参照 A.4.4: AddableType）。

【宣言】
```
public func sum<U: AddableType>(ofProperty property: String) -> U
```

【引数】property：合計値が必要なプロパティの名前

■ average(ofProperty:)

LinkingObjects内のすべてのオブジェクトから、指定されたプロパティの平均値を返します。LinkingObjectsが空の場合はnilを返します。

【注意】AddableTypeプロトコルに準拠しているプロパティのみ指定ができます（参照 A.4.4：AddableType）。

【宣言】
```
public func average<U: AddableType>(ofProperty property: String) -> U?
```

【引数】property：平均値が必要なプロパティの名前

通知

■ addNotificationBlock(_:)

LinkingObjects内が変更されたときの通知ハンドラを追加し、NotificationTokenインスタンス（参照 A.5.2：タイプエイリアス）を返します（参照 第11章：通知）。

【注意】書き込みトランザクション中、または管理しているRealmが読み取り専用の場合は例外が発生します。

【宣言】
```
public func addNotificationBlock(_ block: @escaping
                    (RealmCollectionChange<LinkingObjects>) -> Void)
                                            -> NotificationToken
```

【引数】block：データが更新されたときに呼び出される通知ハンドラのクロージャ（引数には、RealmCollectionChange<LinkingObjects<T>>が渡される）

【戻り値】NotificationTokenインスタンス（参照 A.5.2：タイプエイリアス）

【詳細】通知ハンドラの引数には、コレクションの変更に関する情報をカプセル化したRealmCollectionChange列挙型が渡されます（参照 A.3.2：RealmCollectionChange）。RealmCollectionChangeにはinitial、update、error が定義されており、コレクションの変更状況に応じた処理に対応できます。詳しくは、11.3：通知ハンドラ－コレクションクラスを参照してください。具体例として、UITableViewの更新に使用する方法も記載しています。

通知ハンドラは、次の特徴があります。

- 追加したスレッドと同じスレッドで呼び出される
- 変更毎に必ず通知されるわけではなく、複数のトランザクションで同時に変更がされた場合などは通知が1つにまとめられることもある

- 各書き込みトランザクションがコミットされた後に、スレッドまたはプロセスとは独立して呼び出される
- 現在の実行ループのスレッドからのみ追加できる。バックグラウンドスレッドで実行ループを作成し実行している場合を除き、通常はメインスレッドのみになる
- 実行ループが他のアクティビティによりブロックされている間は、通知されない

通知は戻り値の **NotificationToken** インスタンスを強参照している間が有効になります。通知を停止する場合は、NotificationToken の stop() を呼びます。

シーケンスのサポート

■ makeIterator()

LinkingObjects内の連続した要素を生成するRLMIteratorを返します（参照 A.1.12：RLMIterator）。

【宣言】
```
public func makeIterator() -> RLMIterator<T>
```

Collectionのサポート

■ startIndex

空でないコレクション内の先頭の要素の位置を返す。空のコレクション内のendIndexと同じです。

【宣言】
```
public var startIndex: Int
```

■ endIndex

コレクションの末尾を超えたインデックスです。添え字アクセスが有効なインデックスではないです。

【宣言】
```
public var endIndex: Int
```

■ index(after:)

引数の次のインデックスを返します。

【宣言】
```
public func index(after i: Int) -> Int
```

【引数】　i：コレクションの有効なインデックス（iはendIndexより小さくなければならない）

【戻り値】iの次のインデックス

■ index(before:)

引数の前のインデックスを返します。

【宣言】
```
public func index(before i: Int) -> Int
```

【引数】i：コレクションの有効なインデックス（iはstartIndexより大きい必要がある）
【戻り値】iの前のインデックス

A.1.6　Migration

【宣言】
```
public final class Migration
```

　Migrationインスタンスは、スキーマのマイグレーションを円滑に行うための情報をカプセル化しています（参照 第13章：マイグレーション）。Migrationインスタンスは、Realmのスキーマバージョンが更新されたときに、マイグレーション処理（MigrationBlock）に渡されます。新旧データベースのスキーマとモデルオブジェクトへのアクセスと、マイグレーション中にRealmに対する変更機能を提供しています。

プロパティ

■ oldSchema

マイグレーション前の古いSchemaを返します（参照 A.1.7：Schema）。

【宣言】
```
public var oldSchema: Schema
```

■ newSchema

マイグレーション後の新しいSchemaを返します（参照 A.1.7：Schema）。

【宣言】
```
public var newSchema: Schema
```

マイグレーション中のオブジェクトの変更

■ enumerateObjects(ofType:_:)

　指定した型名のMigrationObject（参照 A.5.2：タイプエイリアス）を列挙します（リストA.1.45）。

【宣言】
```
public func enumerateObjects(ofType typeName: String,
                _ block: MigrationObjectEnumerateBlock)
```

【引数】 typeName：列挙したいモデルオブジェクトの型名
　　　　　block：新旧のモデルオブジェクトを列挙するクロージャ
【詳細】 blockは新旧のモデルオブジェクトの値にアクセス可能なMigrationObjectを提供します。列挙されるMigrationObjectは添え字で値にアクセスします。

○リスト A.1.45：enumerateObjects(ofType:_:)の使用例

```
// データベース内にあるすべてのPersonモデルを列挙
migration.enumerateObjects(ofType: Person.className()) { (oldObject, newObject) in
    // 古いオブジェクトからfirstNameを取得
    let firstName = oldObject!["firstName"] as! String
    // 古いオブジェクトからlastNameを取得
    let lastName = oldObject!["lastName"] as! String
    // 新しいオブジェクトのfullNameに新しい値を設定
    newObject?["fullName"] = "\(firstName) \(lastName)"
})
```

■ create(_:value:)

マイグレーション中に指定の型名のモデルオブジェクト（MigrationObject）を生成し、指定の値で初期化しデータベースに追加します。

【宣言】
```
public func create(_ typeName: String,
                   value: Any = [:]) -> MigrationObject
```

【引数】 typeName：生成するモデルオブジェクトの型名
　　　　　value：モデルオブジェクトの初期化値
【戻り値】 初期化し生成したMigrationObjectを返します。
【詳細】 valueには、次の値が使用できます（**参照** 第6章：モデルオブジェクトの生成と初期化）。

- キー値コーディングに準拠しているオブジェクト
- 各プロパティの値の配列

Realmクラスのcreate(_:value:update:)に似ていますが、大きく違う点はプライマリキーがあるオブジェクトの上書き更新（update）ができない点です。マイグレーション処理では、プライマリキーがあるモデルオブジェクトを新たに生成したモデルオブジェクトで上書き更新はできません。すでにデータベース内にあるプライマリキーがあるモデルオブジェクトを更新したい場合は、enumerateObjects(ofType:_:)で値を更新してください。

■ delete(_:)

マイグレーション中にモデルオブジェクト（MigrationObject）を削除します。

【宣言】
```
public func delete(_ object: MigrationObject)
```

【引数】 object：削除するモデルオブジェクト（MigrationObject）

■ deleteData(forType:)

マイグレーション中に指定の型名のモデルオブジェクトをすべて削除します。

【宣言】
```
public func deleteData(forType typeName: String) -> Bool
```

【引数】typeName：削除したいモデルオブジェクトの型名

【戻り値】削除するデータがあったかどうかをBool値で返します。

【詳細】typeNameのモデルオブジェクトのモデル定義自体がすでにコード上に存在しない場合は、Realmファイルからモデルクラスのメタデータも削除されます。

■ renameProperty(onType:from:to:)

マイグレーション処理でプロパティ名を変更します。

【宣言】
```
public func renameProperty(onType typeName: String,
                           from oldName: String,
                           to newName: String)
```

【引数】typeName：プロパティ名を変更したいモデルオブジェクトの型名。このモデルオブジェクトクラスは新旧両方にモデル定義されている必要がある。
oldName：変更前のプロパティ名。このプロパティ名は新しいモデル定義には存在してはいけない。
newName：変更後のプロパティ名。このプロパティ名は古いモデル定義に存在してはいけない。

A.1.7 Schema

【宣言】
```
public final class Schema: CustomStringConvertible
```

　Schemaインスタンスは、Realmに管理されているモデルオブジェクトスキーマのコレクションを表します。Realmでは、Schemaインスタンスによってマイグレーションの実行とデータベーススキーマのイントロスペクション（情報を解析し変更を加える）が可能になっています。スキーマは、コアデータベースのテーブルのコレクションにマップされます。

プロパティ

■ subscript(_:)

　指定のクラス名のObjectSchemaインスタンスを返します（参照 A.1.8：ObjectSchema）。存在しない場合はnilを返します。

【宣言】
```
public subscript(className: String) -> ObjectSchema?
```

【詳細】この実装があるため、サブスクリプト構文（リストA.1.46）でのアクセスが可能となっています。

○リストA.1.46：サブスクリプト構文の使用例
```
let demoObjectSchema = realm.schema["DemoObject"]
```

■ objectSchema

Realm内のすべてのモデルオブジェクトのObjectSchemaインスタンスを配列で返します（参照 A.1.8：ObjectSchema）。

【宣言】
```
public var objectSchema: [ObjectSchema]
```

【詳細】このプロパティは、マイグレーション中の動的イントロスペクション（情報を解析し変更を加える）に使用されることを想定しています。

■ description

人が読める形式でオブジェクトの説明を文字列で返します。

【宣言】
```
public var description: String
```

同値性

■ ==(_:_:)

2つのSchemaインスタンスが等しいかをBool値で返します。

【宣言】
```
public static func == (lhs: Schema, rhs: Schema) -> Bool
```

A.1.8 ObjectSchema

【宣言】
```
public final class ObjectSchema: CustomStringConvertible
```

ObjectSchemaクラスは、Realmのモデルオブジェクトのオブジェクトスキーマを表します。Realmでは、ObjectSchemaインスタンスによってマイグレーションの実行とデータベーススキーマのイントロスペクション（情報を解析し変更を加える）が可能になっています。また、オブジェクトスキーマは、コアデータベースのテーブルにマップされます。

プロパティ

■ subscript(_:)

指定のプロパティ名のPropertyインスタンスを返します（参照 A.1.9：Property）。存在しない場合はnilを返します。

【宣言】
```
public subscript(propertyName: String) -> Property?
```

【詳細】この実装があるため、サブスクリプト構文（リストA.1.47）でのアクセスが可能となっています。

○リストA.1.47：サブスクリプト構文の使用例

```
let property = objectSchema["id"]
```

■ properties

スキーマに記述されているクラスが管理しているプロパティを表すPropertyインスタンスの配列を返します（参照 A.1.9：Property）。

【宣言】
```
public var properties: [Property]
```

■ className

スキーマが記述するクラス名を返します。

【宣言】
```
public var className: String
```

■ primaryKeyProperty

スキーマに記述されているクラスのプライマリキーのプロパティを返します。存在しない場合は、nilを返します。

【宣言】
```
public var primaryKeyProperty: Property?
```

■ description

人が読める形式でオブジェクトの説明を文字列で返します。

【宣言】
```
public var description: String
```

同値性

■ ==(_:_:)

2つのObjectSchemaインスタンスが等しいかをBool値で返します。

【宣言】
```
public static func == (lhs: ObjectSchema, rhs: ObjectSchema) -> Bool
```

A.1.9 Property

【宣言】
```
public final class Property: CustomStringConvertible
```

Propertyインスタンスは、オブジェクトスキーマのコンテキストで、Realmが管理するプロパティを表します。

Propertyは、Realmファイルに永続化されるか、Realm内の他のデータの計算に使われます。Realmでは、Propertyインスタンスによってマイグレーションの実行とデータベーススキーマのイントロスペクション（情報を解析し変更を加える）が可能になっています。また、Propertyはコアデータベースのカラムにマップされます。

プロパティ

■ name

プロパティ名を返します。

【宣言】
```
public var name: String
```

■ type

PropertyType（参照 A.5.2：タイプエイリアス）を返します。

【宣言】
```
public var type: PropertyType
```

■ isIndexed

このプロパティがインデックスされているかをBool値で返します（参照 5.4：インデックス（索引））。

【宣言】
```
public var isIndexed: Bool
```

■ isOptional

このプロパティがオプショナル型かどうかを Bool 値で返します。

【宣言】
```
public var isOptional: Bool
```

【詳細】Bool、Int、Float、Double をオプショナル型は宣言するには RealmOptional でラップする必要があります（参照 5.2：プロパティ）。

■ objectClassName

Object のクラス名、List では格納しているオブジェクトのクラス名を返します。クラスでなければ nil を返します。

【宣言】
```
public var objectClassName: String?
```

■ description

人が読める形式でオブジェクトの説明を文字列で返します。

【宣言】
```
public var description: String
```

同値性

■ ==(_:_:)

2つの Property インスタンスが等しいかを Bool 値で返します。

【宣言】
```
public static func == (lhs: Property, rhs: Property) -> Bool
```

A.1.10 RealmOptional

【宣言】
```
public final class RealmOptional<T: RealmOptionalType>: RLMOptionalBase
```

RealmOptional クラスは、Bool、Int、Float、Double をオプショナル型でモデル定義するためのラッパークラスです（リスト A.1.48）。

Bool、Int、Float、Double は Swift の dynamic キーワードは使用できないため、これらをオプショナル型をモデル定義するのに RealmOptional クラスを使用します。

○リスト A.1.48：RealmOptional のモデル定義例

```
class CustomObject: Object {
    let boolOptional = RealmOptional<Bool>()       // Boolのオプショナル型
    let intOptional = RealmOptional<Int>()         // Intのオプショナル型
    let floatOptional = RealmOptional<Float>()     // Floatのオプショナル型
    let doubleOptional = RealmOptional<Double>()   // Doubleのオプショナル型
}
```

初期化子

■ init(_:)

指定の値をカプセル化したRealmOptionalインスタンスを生成します。

【宣言】
```
public init(_ value: T? = nil)
```

【引数】value：デフォルトの値

プロパティ

■ value

値です。

【宣言】
```
public var value: T?
```

A.1.11 AnyRealmCollection

【宣言】
```
public final class AnyRealmCollection<T: Object>: RealmCollection
```

AnyRealmCollectionクラスは、具象型のコレクションクラスに操作を移譲する型消去されたラッパークラスです。Swiftではassociatedtypeを持つプロトコルは具象型として扱えないため、Realmのコレクションクラスをプロパティや変数として保持するためにAnyRealmCollectionが用意されています。RealmCollectionに準拠している必要があり、Results、List、LinkingObjectsが使用できます（リスト A.1.49）。

RealmCollectionのサポート

AnyRealmCollectionはRealmCollection（参照 A.4.1：RealmCollection）に準拠しているため、RealmCollectionのプロパティ、インデックスの取得、オブジェクトの取得、キー値コー

○リスト A.1.49：AnyRealmCollection クラス

```
class Controller {
    // 初期化のcollection引数を保持するためにAnyRealmCollectionクラスを使用する
    let collection: AnyRealmCollection<Person>

    // collectionにはResultsまたはListのどちらでも渡すことができます
    init<C: RealmCollection>(collection: C) where C.Element == Person {
        self.collection = AnyRealmCollection(collection)
    }
}
```

ディング（KVC）、フィルタリング、ソート、集計操作、通知がすべて使用可能です。

> AnyRealmCollection は RealmCollection に準拠しているコレクションクラスをラップしているだけです。内部実装はそのコレクションクラスに対してメソッドを実行しています。

シーケンスのサポート

■ makeIterator()

コレクション内の連続した要素を生成する RLMIterator を返します（参照 A.1.12：RLMIterator）。

【宣言】
```
public func makeIterator() -> RLMIterator<T>
```

Collection のサポート

■ startIndex

空でないコレクション内の先頭の要素の位置を返す。空のコレクション内の endIndex と同じです。

【宣言】
```
public var startIndex: Int
```

■ endIndex

コレクションの末尾を超えたインデックスです。添え字アクセスが有効なインデックスではないです。

【宣言】
```
public var endIndex: Int
```

■ index(after:)

引数の次のインデックスを返します。

【宣言】
```
public func index(after i: Int) -> Int
```

【引数】i：コレクションの有効なインデックス（iはendIndexより小さくなければならない）
【戻り値】iの次のインデックス

■ index(before:)

引数の前のインデックスを返します。

【宣言】
```
public func index(before i: Int) -> Int
```

【引数】i：コレクションの有効なインデックス（iはstartIndexより大きい必要がある）
【戻り値】iの前のインデックス

A.1.12 RLMIterator

【宣言】
```
public final class RLMIterator<T: Object>: IteratorProtocol
```

RLMIteratorクラスは、RealmCollectionのインスタンスのためのイテレータクラスです。

■ next()

次の要素に進み、それを返します。要素が存在しない場合はnilを返します。

【宣言】
```
public func next() -> T?
```

A.1.13 ThreadSafeReference

【宣言】`public class ThreadSafeReference<Confined: ThreadConfined>`

　ThreadSafeReferenceインスタンスは、ObjectやRealmのコレクションクラスなどThreadConfinedプロトコル（参照 A.4.5：ThreadConfined）に準拠しているオブジェクトをスレッド間で受け渡すために使用します（参照 17.7：異なるスレッド間でオブジェクトを受け渡す）。

　ThreadSafeReferenceインスタンスは、ThreadConfinedプロトコル（参照 A.4.5：ThreadConfined）に準拠しているオブジェクトへのスレッドセーフな参照を含みます。異なるスレッドで参照しているオブジェクトの参照を解決する（取り出す）には、そのスレッドのRealmインスタンスでresolve(_:)を使用します。

【注意】ThreadSafeReferenceインスタインスからは1回のみオブジェクトの参照を解決することが可能です。2回目は例外が発生します。ThreadSafeReferenceインスタンスからオブジェクトの参照を解決することに失敗した場合は、ThreadSafeReferenceインスタンスが解放されるまで、Realmの読み取りロックがかかります。

　ThreadSafeReferencesは短命なため、すべての参照が解決されるか、またはThreadSafeReferencesインスタンス自体が解放されるまでThreadSafeReferencesがソースとしているRealmのバージョンを優先します。

初期化子

■ init(to:)

　ObjectやRealmのコレクションクラスなどThreadConfinedプロトコル（参照 A.4.5：ThreadConfined）に準拠しているオブジェクトへのスレッドセーフな参照を保持するThreadSateReferenceインスタンスを生成します。

【宣言】`public init(to threadConfined: Confined)`

【引数】threadConfined：ObjectやRealmのコレクションクラスなどThreadConfinedプロトコル（参照 A.4.5：ThreadConfined）に準拠しているオブジェクト

【詳細】初期化に渡したThreadConfinedに準拠しているオブジェクトは、その後も引き続きアクセス可能です。

プロパティ

■isInvalidated

オブジェクトの参照を解決（取り出す）できるかをBool値で返します。オブジェクトの参照を解決するのは1回しか行えません。

【宣言】
```
public var isInvalidated: Bool
```

Appendix A.2 構造体

ここでは構造体として「Realm.Configuration」「Realm.Error」「PropertyChange」「SortDescriptor」を説明しています。

A.2.1 Realm.Configuration

【宣言】
```
public struct Configuration
```

　Configurationインスタンスは、Realmインスタンスの生成に使用する様々なオプションを記述する構造体です（参照 第12章：Realmの設定）。

　Configurationは、Swiftの構造体です。そのため、RealmやObjectなどと異なり、スレッド間で自由に共有できます。objectTypesプロパティの設定は処理コストが高い場合があります。そのため、RealmにアクセスするたびにConfigurationインスタンスを生成するのではなく、キャッシュして再利用することをおすすめします。

デフォルト設定

■ defaultConfiguration

　デフォルトの設定値で初期化してあるConfigurationを返します。新しいConfigurationをセットすることで、デフォルト設定を上書きできます（参照 12.3：デフォルトRealmの設定変更）。

【宣言】
```
public static var defaultConfiguration: Configuration
```

初期化子

　新しいRealmインスタンスを生成に使用できるConfigurationインスタンスを生成します。

【注意】設定プロパティのfileURL、inMemoryIdentifier、syncConfigurationはいずれか1つのみ設定可能です。

Appendix A：APIリファレンス

■ init(fileURL:inMemoryIdentifier:syncConfiguration:encryptionKey: readOnly:schemaVersion:migrationBlock:deleteRealmIfMigration Needed:objectTypes:)

【宣言】
```
public init(fileURL: URL? = URL(
                fileURLWithPath:RLMRealmPathForFile("default.realm"),
                isDirectory: false),
            inMemoryIdentifier: String? = nil,
            syncConfiguration: SyncConfiguration? = nil,
            encryptionKey: Data? = nil,
            readOnly: Bool = false,
            schemaVersion: UInt64 = 0,
            migrationBlock: MigrationBlock? = nil,
            deleteRealmIfMigrationNeeded: Bool = false,
            objectTypes: [Object.Type]? = nil)
```

【引数】 fileURL：RealmファイルのファイルURL

inMemoryIdentifier：メモリのみのRealmを使用するための識別子

syncConfiguration：Realm Object Serverとの同期設定

encryptionKey：64バイトの暗号化キー

readOnly：Realmを読み取り専用にするかどうか

schemaVersion：現在のスキーマバージョン

migrationBlock：マイグレーションハンドラ

deleteRealmIfMigrationNeeded：マイグレーションが必要な場合に、現在のスキーマを使用してRealmファイルを再作成するか

objectTypes：モデルクラスのサブセット

設定プロパティ

■ fileURL

RealmファイルのファイルURLです（参照 12.2：Realmの各種設定−ファイルURL）。このプロパティを設定すると、inMemoryIdentifierとsyncConfigurationの設定値はクリアされます。デフォルト値は、Documents/default.realmへのファイルURLです。

【宣言】
```
public var fileURL: URL?
```

■ inMemoryIdentifier

メモリのみのRealmを使用するための識別子です（参照 12.2：Realmの各種設定−メモリのみでの動作）。このプロパティを設定すると、fileURLとsyncConfigurationの設定値はクリアされます。デフォルト値はnilです。

【宣言】
```
public var inMemoryIdentifier: String?
```

■ encryptionKey

　Realmファイルの暗号化に使用する64バイトのキーです（参照 12.2：Realmの各種設定－暗号化）。暗号化を使用しない場合は、nilにします。デフォルト値はnilです。暗号化は、AES-256で、検証（改ざん検知）はSHA-2 HMACが使用されます。

【宣言】
```
public var encryptionKey: Data?
```

■ readOnly

　Realmを読み取り専用モードで開くかの設定値です（参照 12.2：Realmの各種設定－読み取り専用）。デフォルト値はfalseです。

【宣言】
```
public var readOnly: Bool = false
```

【詳細】この設定値は、書き込みをしたくないRealmファイルか、書き込み不可能なディレクトリにあるRealmファイルを開くために使用します。読み取り専用モードは、そのRealmから書き込みができなくなるだけの単純な読み取り専用というわけではないため、別のスレッドやプロセスなどから書き込みが行われる可能性がある場合は使用すべきではありません。読み取り専用モードで開くには、Realmのreader/writerの連携を無効にする必要があり、別のプロセスが書き込みトランザクションをコミットするとクラッシュする可能性があります。

■ schemaVersion

　現在のスキーマバージョンです。スキーマのバージョン管理に使用し、マイグレーションを実行されるかの判定値になります（参照 第13章：マイグレーション）。デフォルト値は0です。

【宣言】
```
public var schemaVersion: UInt64 = 0
```

■ migrationBlock

　Realmを現在のスキーマバージョンにマイグレーションするための処理を記述するクロージャです（参照 第13章：マイグレーション）。デフォルト値はnilです。

【宣言】
```
public var migrationBlock: MigrationBlock?
```

■ deleteRealmIfMigrationNeeded

　マイグレーションが必要な場合に、現在のスキーマでRealmファイルを再作成するかの設定値です（参照 13.7：マイグレーション処理を行わずに古いRealmファイルを削除）。デフォルト値はfalseです。

Appendix A：APIリファレンス

【宣言】
```
public var deleteRealmIfMigrationNeeded: Bool = false
```

【詳細】このプロパティによってRealmファイルが再作成されるかは、Realmファイルのスキーマと現在のスキーマが異なる場合または、Realmファイルのスキーマバージョンより設定値のスキーマバージョンが大きい場合です。

■ objectTypes

Realmが管理するモデルオブジェクトのクラスです（参照 12.2：Realmの各種設定 − モデルクラスのサブセット）。デフォルト値はnilで、ソース内にあるすべてのモデルクラスが使用されることになります。

【宣言】
```
public var objectTypes: [Object.Type]?
```

■ syncConfiguration

Realm Object Serverとの同期設定です（参照 16.2：Realm Object Server）。このプロパティを設定すると、inMemoryIdentifierとfileURLの設定値はクリアされます。

【宣言】
```
public var syncConfiguration: SyncConfiguration?
```

A.2.2 Realm.Error

【宣言】
```
public struct Error
```

Realmのエラードメイン（"io.realm"）のエラーコードを説明する構造体です。主にRealmインスタンスの初期化時に発生するリカバリ可能なエラーをキャッチするために使用できます（リストA.2.1）。

エラーコード

【宣言】
```
public enum Code: Int {
    case fail
    case fileAccess
    case filePermissionDenied
    case fileExists
    case fileNotFound
    case incompatibleLockFile
    case fileFormatUpgradeRequired
    case addressSpaceExhausted
    case schemaMismatch
}
```

○リスト A.2.1：Realm.Error の使用例

```
let realm: Realm?
do {
    realm = try Realm()
} catch let error as Realm.Error {
    print("Realm error: \(error)")
} catch {
    print("Other error: \(error)")
}
```

■ fail

Realmを開こうとしたときに発生する、未定義のエラーです。

【宣言】
```
public static let fail: Code = .fail
```

■ fileAccess

Realmを開こうとしたときに発生する、ファイル入出力に関する例外のエラーです。

【宣言】
```
public static let fileAccess: Code = .fileAccess
```

■ filePermissionDenied

Realmを開こうとしたときに発生する、アクセス権限（ファイルパーミッション）に関するエラーです。

【宣言】
```
public static let filePermissionDenied: Code = .filePermissionDenied
```

【詳細】Realmファイルまたは関連ファイルを作成、またはアクセスする権限がない場合に発生します。

■ fileExists

Realmファイルの書き込みときに（例えばrealm.writeCopy()）、すでに同名のファイルが存在する場合に発生するエラーです。

【宣言】
```
public static let fileExists: Code = .fileExists
```

■ fileNotFound

Realmファイルが見つからなかった場合に発生するエラーです。

【宣言】
```
public static let fileNotFound: Code = .fileNotFound
```

【詳細】読み取り専用のRealmのRealmファイルがストレージ上に存在しない、またはrealm.writeCopy()でRealmファイルをコピーする時に、指定のディレクトリが存在しない場合に発生します。

■ incompatibleLockFile

Realmファイルがアーキテクチャの不一致により開けない場合に発生するエラーです。

【宣言】
```
public static let incompatibleLockFile: Code = .incompatibleLockFile
```

【詳細】現在開こうとしているプロセスと異なるアーキテクチャで作成されたRealmファイルを開こうとした場合に発生します。例えば、32bit（i386）のiOSシミュレータで作成したRealmファイルを、64bitのRealmブラウザアプリで開こうとした場合です。

■ fileFormatUpgradeRequired

Realmファイルのファイルフォーマットのアップグレードが必要であるが、明示的にファイルフォーマットのアップグレードが無効になっている場合に発生するエラーです。

【宣言】
```
public static let fileFormatUpgradeRequired: Code = .fileFormatUpgradeRequired
```

■ addressSpaceExhausted

Realmファイルを開くのに、使用可能なアドレス空間が足りない場合に発生するエラーです。

【宣言】
```
public static let addressSpaceExhausted: Code = .addressSpaceExhausted
```

■ schemaMismatch

スキーマバージョンが一致しない場合に発生するエラーです。その場合は、マイグレーションが必要です（参照 第13章：マイグレーション）。

【宣言】
```
public static let schemaMismatch: Code = .schemaMismatch
```

同値性

■ ==(_:_:)

2つのErrorインスタンスが等しいかをBool値で返します。

【宣言】
```
public func == (lhs: Error, rhs: Error) -> Bool
```

パターンマッチング

■ ~=(_:_:)

パターンマッチ関数。この関数が実装されているので、Swiftのdo-catch構文での使用が可能になっています。

【宣言】
```
public func ~= (lhs: Realm.Error, rhs: Error) -> Bool
```

A.2.3 PropertyChange

PropertyChange構造体は、Objectクラスの変更通知で変更された特定のプロパティに関する変更情報を持ちます（参照 11.3：通知ハンドラ − Objectクラス）。

【宣言】
```
public struct PropertyChange
```

■ name

値が変更されたプロパティの名前です

【宣言】
```
public let name: String
```

■ oldValue

変更前のプロパティ値です。これは通知が追加されたスレッドと同一スレッドでの更新とListプロパティは常にnilになります。

【宣言】
```
public let oldValue: Any?
```

【詳細】oldValueが削除される可能性がある場合、プロパティにアクセスする前にisInvalidatedを確認する必要があります。

■ newValue

変更後のプロパティ値です。これはListプロパティの変更では常にnilになります。

【宣言】
```
public let newValue: Any?
```

A.2.4 SortDescriptor

【宣言】
```
public struct SortDescriptor
```

　SortDescriptor構造体は、ソートに使用するプロパティ値のキーパスとソート順を保持し、Realmのコレクションクラスのsorted(sortDescriptors:)で使用します。NSSortDescriptorと似ていますが、Realmのクエリエンジンで効率的に使用できる機能のみをサポートしています。

初期化子

　指定のソートに使用するプロパティ値のキーパスとソート順で初期化したSortDescriptorを生成します。

■ init(keyPath:ascending:)

【宣言】
```
public init(keyPath: String, ascending: Bool = true)
```

【引数】keyPath：ソートに使用するプロパティ値のキーパス
　　　　ascending：ソート順は昇順か

プロパティ

■ keyPath
ソートに使用するプロパティ値のキーパスです

【宣言】
```
public let keyPath: String
```

■ ascending
trueの場合は、ソート順は昇順です。

【宣言】
```
public let ascending: Bool
```

■ description

人が読める形式でオブジェクトの説明を文字列で返します。

【宣言】
```
public var description: String
```

関数

■ reversed()

ソートを逆順にしたSortDescriptorを新たに生成して返します。

【宣言】
```
public func reversed() -> SortDescriptor
```

同値性

■ ==(_:_:)

2つのSortDescriptorインスタンスが等しいかをBool値で返します。

【宣言】
```
public static func == (lhs: SortDescriptor, rhs: SortDescriptor) -> Bool
```

ExpressibleByStringLiteralのサポート

■ init(unicodeScalarLiteral:)

UnicodeスカラリテラルからSortDescriptorを生成します。

【宣言】
```
public init(unicodeScalarLiteral value: UnicodeScalarLiteralType)
```

■ init(extendedGraphemeClusterLiteral:)

文字リテラルからSortDescriptorを生成します。

【宣言】
```
public init(extendedGraphemeClusterLiteral value: ExtendedGraphemeClusterLiteralType)
```

■ init(stringLiteral:)

文字列リテラルからSortDescriptorを生成します。

【宣言】
```
public init(stringLiteral value: StringLiteralType)
```

Appendix A.3 列挙型

ここでは列挙型として「Realm.Notification」「RealmCollectionChange」「ObjectChange」を説明しています。

A.3.1 Realm.Notification

【宣言】
```
public enum Notification: String {
    case didChange
    case refreshRequired
}
```

Notification列挙型は、Realmのデータベースが更新された通知の種類を表す列挙型です。

■ didChange

Realm内のデータが変更されたことを表します。

【宣言】
```
case didChange = "RLMRealmDidChangeNotification"
```

【詳細】書き込みトランザクションを反映するためにRealmが更新された場合に発生します。この通知は、次の場合に発生する可能性があります。

- 自動更新（autorefresh）
- 明示的なrefresh()の実行
- 書き込みトランザクションの開始時（beginWrite()）の暗黙的なリフレッシュ（write(_:)も含む）。
- ローカルの書き込みトランザクションのコミット時

■ refreshRequired

自動更新（autorefresh）を無効にしている場合に、異なるスレッドのRealmインスタンスによりデータベースが更新されたことを表します。

【宣言】
```
case refreshRequired = "RLMRealmRefreshRequiredNotification"
```

【詳細】自動更新（autorefresh）が有効になっている、または通知がポストされる前にrefresh()による更新が行われた場合には発生しません。自動更新を無効にした場合は、通常

はrefreshRequiredを利用して、何らかの作業を行なった後に明示的にrefresh()で更新を実行します。通知ハンドラ内でrefresh()による更新を実行しなくても問題はないのですが、Realmは古い履歴を読み取りロックすることになり、Realmファイルが肥大化する原因になります（参照 10.6：Realmファイルのサイズ肥大化について）。

A.3.2 RealmCollectionChange

【宣言】
```
public enum RealmCollectionChange<T> {
    case initial(T)
    case update(T, deletions: [Int], insertions: [Int], modifications: [Int])
    case error(Error)
}
```

RealmCollectionChangeは、カプセル化したコレクションの変更に関する情報を持ちます（参照 11.3：通知ハンドラ - RealmCollectionChange）。

■ initial

初回の実行が完了したことを表します。クエリがあれば実行され、コレクションにはメインスレッドをブロックすることなくアクセス可能な状態です。

【宣言】
```
case initial(T)
```

■ update

コレクションの要素が更新されたことを表します。変更の種類ごとにコレクションに対応する単純なIntのインデックスの配列を持っています。

【宣言】
```
case update(T, deletions: [Int], insertions: [Int], modifications: [Int])
```

【引数】deletions：コレクションから削除されたオブジェクトのインデックスの配列（インデックスは1つ前のコレクションに対応したもの）
insertions：コレクションに追加されたオブジェクトのインデックスの配列
modifications：コレクション内で更新されたオブジェクトのインデックスの配列
※各配列内のインデックスは常に昇順にソートされています。

【詳細】各変更のインデックスの配列をIndexPathに変換した後は、UITableViewのバッチ更新関数にそのまま渡せます（リストA.3.1）。

○リスト A.3.1：UITableView でのアップデート例

```
token = results.addNotificationBlock { [weak tableView] (change) in
    switch change {
    case .initial(let results):
        // resultsはメインスレッドをブロックすることなくアクセス可能な状態です。
        tableView?.reloadData()
    case .update(let results, let deletions, let insertions, let modifications):
        /*
        resultsはメインスレッドをブロックすることなくアクセス可能な状態です。
        各変更のインデックスの配列(deletions, insertions, modifications)を
        IndexPathに変換した後は、UITableViewのバッチ更新関数にそのまま渡せます。
        */
        tableView?.beginUpdates()
        tableView?.insertRows(at: insertions.map({ IndexPath(row: $0, section: 0) }),
                              with: .automatic)
        tableView?.deleteRows(at: deletions.map({ IndexPath(row: $0, section: 0)}),
                              with: .automatic)
        tableView?.reloadRows(at: modifications.map({ IndexPath(row: $0, section: 0) }),
                              with: .automatic)
        tableView?.endUpdates()
    case .error(let error):
        fatalError("\(error)")
    }
}
```

■ error

エラーが発生したことを表します。Errorを持ち、エラー通知以降は通知ハンドラは呼び出されなくなります。

【宣言】
```
case error(Error)
```

【詳細】エラーは、バックグラウンドスレッドで開いているRealmでコレクションの変更情報を計算するときのみ発生する可能性があります。

A.3.3 ObjectChange

【宣言】
```
public enum ObjectChange {
    case error(_: NSError)
    case change(_: [PropertyChange])
    case deleted
}
```

ObjectChange列挙型は、Objectの変更通知に含まれ、Objectの変更情報を持ちます（参照 11.3：通知ハンドラ - Objectクラス）。

■ error

エラーが発生したことを表します。NSErrorを持ち、エラー通知以降は通知ハンドラは呼び出されなくなります。

【宣言】
```
case error(_: NSError)
```

【詳細】エラーが通知された以降は、通知ハンドラは呼び出されなくなります。エラーは、バックグラウンドスレッドで開いているRealmでコレクションの変更情報を計算するときのみ発生する可能性があります。

■ change

1つまたは複数のプロパティが変更されたことを表します。プロパティの変更情報（参照 A.2.3：PropertyChange）を配列で持ちます。

【宣言】
```
case change(_: [PropertyChange])
```

■ deleted

オブジェクトがRealmから削除されたことを表します。

【宣言】
```
case deleted
```

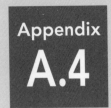

プロトコル

ここではプロトコルとして「RealmCollection」「RealmOptionalType」「MinMaxType」「AddableType」「ThreadConfined」を説明しています。

A.4.1 RealmCollection

【宣言】
```
public protocol RealmCollection: RandomAccessCollection,
        LazyCollectionProtocol, CustomStringConvertible, ThreadConfined
```

RealmCollectionプロトコルは、同じ型のObjectのコレクションで取得、フィルタリング、ソート、操作が定義されています。

初期化子

■ init(_:)

指定のコレクションをラップしたAnyRealmCollectionインスタンスを返します。

【宣言】
```
public init<C: RealmCollection>(_ base: C) where C.Element == T
```

プロパティ

■ realm

コレクションを管理しているRealmインスタンスを返します。

【宣言】
```
public var realm: Realm?
```

【詳細】realmへの参照がある場合はマネージドオブジェクトで、nilの場合はアンマネージドオブジェクトです（参照 7.3：アンマネージドオブジェクト／マネージドオブジェクト）。

■ isInvalidated

コレクションが無効になりアクセスできなくなったかをBool値で返します。

【注意】無効になりアクセスできなくなったコレクションは、**コレクション内の要素にアクセスすると例外**が発生します。

【宣言】
```
public var isInvalidated: Bool
```

【詳細】コレクションが無効になるのは、管理しているRealmが無効（Realmのinvalidate()が呼ばれる）になった場合です。

■ count
コレクション内のオブジェクトの数を返します。

【宣言】
```
public var count: Int
```

■ description
人が読める形式でオブジェクトの説明を文字列で返します。

【宣言】
```
public override var description: String
```

インデックスの取得

■ index(of:)
指定のモデルオブジェクトのインデックスを返します。オブジェクトが存在しない場合は、nilを返します。

【宣言】
```
public func index(of object: T) -> Int?
```

【引数】object：探したいモデルオブジェクト

■ index(matching:)
指定の検索条件に最初に一致したオブジェクトを返します。一致するオブジェクトが存在しない場合は、nilを返します。

【宣言】
```
public func index(matching predicate: NSPredicate) -> Int?
```

【引数】predicate：オブジェクトをフィルタリングするための検索条件

■ index(matching:_:)
指定の検索条件に最初に一致したオブジェクトを返します。一致するオブジェクトが存在しない場合は、nilを返します。

【宣言】
```
public func index(matching predicateFormat: String, _ args: Any...) -> Int?
```

【引数】predicateFormat：述語フォーマット構文（参照 8.4：クエリの構文）
　　　　args：述語フォーマットに対する可変長引数

オブジェクトの取得

■ subscript(_:)
指定のインデックスの要素を返します。

【宣言】
```
public subscript(position: Int) -> T
```

【引数】index：取得するオブジェクトのインデックス

キー値コーディング（KVC）

■ value(forKey:)
コレクション内のすべてのオブジェクトに対して value(forKey:) を実行して、その結果を配列で返します。

【宣言】
```
public func value(forKey key: String) -> Any?
```

■ value(forKeyPath:)
コレクション内のすべてのオブジェクトに対して value(forKeyPath:) を実行して、その結果を配列で返します。

【宣言】
```
public func value(forKeyPath keyPath: String) -> Any?
```

■ setValue(_:forKey:)
コレクション内のすべてのオブジェクトに対して setValue(_:forKey:) を実行して、値を変更します。

【注意】マネージドオブジェクトの場合は、書き込みトランザクション中のみ呼び出すことができます。

【宣言】
```
public func setValue(_ value: Any?, forKey key: String)
```

【引数】value：設定したい値
　　　　key：設定対象のプロパティ名

フィルタリング

■ filter(_:_:)

指定の検索条件に一致するオブジェクトを含むResultsクラスを返します（参照 8.3：クエリ（検索条件））。

【宣言】
```
public func filter(_ predicateFormat: String, _ args: Any...)
                                        -> Results<Element>
```

【引数】predicateFormat：述語フォーマット構文（参照 8.4：クエリの構文）
　　　　args：述語フォーマットに対する可変長引数

■ filter(_:)

指定の検索条件に一致するオブジェクトを含むResultsクラスを返します（参照 8.3：クエリ（検索条件））。

【注意】マネージドオブジェクトでないと使用できません（例外が発生します）。

【宣言】
```
public func filter(_ predicate: NSPredicate) -> Results<Element>
```

【引数】predicate：オブジェクトをフィルタリングするための検索条件

ソート

■ sorted(byKeyPath:ascending:)

指定の条件でソートされたResultsインスタンスを返します（参照 8.2：検索結果（Resultsクラス）－ソート（並び替え）する）。

【宣言】
```
public func sorted(byKeyPath keyPath: String,
                   ascending: Bool) -> Results<Element>
```

【引数】keyPath：並び替えに使用するプロパティ値のキーパス
　　　　ascending：ソート順は昇順か
【戻り値】指定の条件でソートされたResultsインスタンス。
【詳細】サポートしている型は、Bool、Int、Float、Double、String、Dateです。

■ sorted(by:)

指定のソート条件でソートされたResultsクラスを返します（参照 8.2：検索結果（Resultsクラス）－ソート（並び替え）する）。

【宣言】
```
public func sorted<S: Sequence>(
            by sortDescriptors: S) -> Results<Element>
                where S.Iterator.Element == SortDescriptor
```

【引数】sortDescriptors：SortDescriptorの配列（参照 A.2.4：SortDescriptor）
【戻り値】指定の条件でソートされたResultsインスタンス
【詳細】サポートしている型は、Bool、Int、Float、Double、String、Dateです。

集計操作

■ min(ofProperty:)

コレクション内のすべてのオブジェクトから、指定されたプロパティの最小値を返します。コレクションが空の場合はnilを返します。

【注意】MinMaxTypeプロトコルに準拠しているプロパティのみ指定ができます（参照 A.4.3：MinMaxType）。

【宣言】
```
public func min<U: MinMaxType>(ofProperty property: String) -> U?
```

【引数】property：最小値が必要なプロパティの名前

■ max(ofProperty:)

コレクション内のすべてのオブジェクトから、指定されたプロパティの最大値を返します。コレクションが空の場合はnilを返します。

【注意】MinMaxTypeプロトコルに準拠しているプロパティのみ指定ができます（参照 A.4.3：MinMaxType）。

【宣言】
```
public func max<U: MinMaxType>(ofProperty property: String) -> U?
```

【引数】property：最大値が必要なプロパティの名前

■ sum(ofProperty:)
　コレクション内のすべてのオブジェクトから、指定されたプロパティの合計値を返します。コレクションが空の場合はnilを返します。

【注意】AddableTypeプロトコルに準拠しているプロパティのみ指定ができます（参照 A.4.4：AddableType）。

【宣言】
```
public func sum<U: AddableType>(ofProperty property: String) -> U
```

【引数】property：合計値が必要なプロパティの名前

■ average(ofProperty:)
　コレクション内のすべてのオブジェクトから、指定されたプロパティの平均値を返します。コレクションが空の場合はnilを返します。

【注意】AddableTypeプロトコルに準拠しているプロパティのみ指定ができます（参照 A.4.4：AddableType）。

【宣言】
```
public func average<U: AddableType>(ofProperty property: String) -> U?
```

【引数】property：平均値が必要なプロパティの名前

通知

■ addNotificationBlock(_:)
　コレクション内が変更されたときの通知ハンドラを追加し、NotificationTokenインスタンス（参照 A.5.2：タイプエイリアス）を返します（参照 第11章：通知）。

【注意】書き込みトランザクション中、または管理しているRealmが読み取り専用の場合は例外が発生します。

【宣言】
```
public func addNotificationBlock(_ block: @escaping
                    (RealmCollectionChange<AnyRealmCollection>) -> Void)
                                                    -> NotificationToken
```

【引数】block：データが更新されたときに呼び出される通知ハンドラのクロージャ（引数は、RealmCollectionChange<AnyRealmCollection>を持つ）

【戻り値】NotificationToken インスタンス（参照 A.5.2：タイプエイリアス）

【詳細】通知ハンドラの引数には、コレクションの変更に関する情報をカプセル化したRealmCollectionChange列挙型が渡されます（参照 A.3.2：RealmCollectionChange）。RealmCollectionChange には initial、update、error が定義されており、コレクションの変更状況に応じた処理に対応できます。詳しくは、11.3：通知ハンドラ－コレクションクラスを参照してください。具体例として、UITableView の更新に使用する方法も記載しています。

通知ハンドラは、次の特徴があります。

- 追加したスレッドと同じスレッドで呼び出される
- 変更毎に必ず通知されるわけではなく、複数のトランザクションで同時に変更がされた場合などは通知が１つにまとめられることもある
- 各書き込みトランザクションがコミットされた後に、スレッドまたはプロセスとは独立して呼び出される
- 現在の実行ループのスレッドからのみ追加できる。バックグラウンドスレッドで実行ループを作成し実行している場合を除き、通常はメインスレッドのみになる
- 実行ループが他のアクティビティによりブロックされている間は通知されない

通知は戻り値の**NotificationToken**インスタンスを強参照している間が有効になります。通知を停止する場合は、NotificationToken の stop() を呼びます。

A.4.2 RealmOptionalType

【宣言】
```
public protocol RealmOptionalType
```

RealmOptionalType プロトコルは、RealmOptional（参照 A.1.10：RealmOptional）が利用可能かを記述するために使用されています。関数などの定義はなく、RealmOptional がサポートしている型かを判定するためにプロトコル定義されています。**リストA.4.1**の型が指定されています。

○リストA.4.1：RealmOptionalTypeで指定できる型

```
extension Int: RealmOptionalType {}
extension Int8: RealmOptionalType {}
extension Int16: RealmOptionalType {}
extension Int32: RealmOptionalType {}
extension Int64: RealmOptionalType {}
extension Float: RealmOptionalType {}
extension Double: RealmOptionalType {}
extension Bool: RealmOptionalType {}
```

○リストA.4.2：MinMaxTypeで指定できる型

```
extension NSNumber: MinMaxType {}
extension Double: MinMaxType {}
extension Float: MinMaxType {}
extension Int: MinMaxType {}
extension Int8: MinMaxType {}
extension Int16: MinMaxType {}
extension Int32: MinMaxType {}
extension Int64: MinMaxType {}
extension Date: MinMaxType {}
extension NSDate: MinMaxType {}
```

A.4.3 MinMaxType

【宣言】
```
public protocol MinMaxType
```

　MinMaxTypeプロトコルは、RealmCollection（参照 A.4.1：RealmCollection）のmin(ofProperty:)とmax(ofProperty:)が利用可能かを記述するために使用されています。関数などの定義はなく、min(ofProperty:)とmax(ofProperty:)がサポートしている型かを判定するためにプロトコル定義されています。**リストA.4.2**の型が指定されています。

A.4.4 AddableType

【宣言】
```
public protocol AddableType
```

　AddableTypeプロトコルは、RealmCollection（参照 A.4.1：RealmCollection）のsum(ofProperty:)とaverage(ofProperty:)が利用可能かを記述するために使用されています。関数などの定義はなく、sum(ofProperty:)とaverage(ofProperty:)がサポートしている型かを判定するためにプロトコル定義されています。**リストA.4.3**の型が指定されています。

○リスト A.4.3：AddableType で指定できる型

```
extension NSNumber: AddableType {}
extension Double: AddableType {}
extension Float: AddableType {}
extension Int: AddableType {}
extension Int8: AddableType {}
extension Int16: AddableType {}
extension Int32: AddableType {}
extension Int64: AddableType {}
```

A.4.5 ThreadConfined

【宣言】
```
public protocol ThreadConfined
```

ThreadConfined プロトコルに準拠するオブジェクトは、スレッドごとの Realm によって管理され制限されています。これらのマネージオブジェクトを、スレッド間で渡す場合には明示的にエスクポート（参照 A.1.13：ThreadSafeReference）とインポートし渡す必要があります（参照 A.1.2：Realm－スレッド間のオブジェクトの受け渡し）。

ThreadConfined プロトコルに準拠しているのは、Object や Realm のコレクションクラスです。新たに ThreadConfined に準拠するクラスを定義しても、ThreadSafeReference によるスレッド間のオブジェクトの受け渡しは動作しないことに注意してください。

プロパティ

オブジェクトを管理している Realm インスタンスを返します。

■ realm

【宣言】
```
var realm: Realm?
```

【詳細】アンマネージドオブジェクト（realm が nil）は、ThreadConfined プロトコルを必要としているメソッドには渡せません。

■ isInvalidated

オブジェクトが無効になりアクセスできなくなったかを Bool 値で返します。

【宣言】
```
var isInvalidated: Bool
```

関数／タイプエイリアス

ここでは「関数」と「タイプエイリアス」について説明しています。

A.5.1 関数

マイグレーション

■ schemaVersionAtURL(_:encryptionKey:)

指定のファイルURLにあるRealmファイルのスキーマバージョンを返します。

【例外】Realmファイルにアクセスできない等の問題が発生した場合は、NSErrorがスローされます。

【宣言】
```
public func schemaVersionAtURL(_ fileURL: URL,
                               encryptionKey: Data? = nil) throws -> UInt64
```

【引数】fileURL：RealmファイルのファイルURL
encryptionKey：Realmファイルの暗号化キー（暗号化されていない場合はnilを指定する）

A.5.2 タイプエイリアス

Realmに定義されているグローバルなタイプエイリアスです。

エイリアス

■ NotificationToken

Realmの各クラスの通知を登録したときに返されるクラスのタイプエイリアスです。

【宣言】
```
public typealias NotificationToken = RLMNotificationToken
```

【詳細】NotificationTokenは通知期間を管理するクラスで、強参照している間は通知が有効になります（参照 11.2：通知の追加）。登録した通知を停止するには、NotificationTokenのstop()を実行します。

PropertyType

Realmのモデルがサポートしているすべてのプロパティの型を記述する列挙型です。

【宣言】
```
public typealias PropertyType = RLMPropertyType
```

マイグレーション

■ MigrationObject

マイグレーションで使用されるObjectクラスです。

【宣言】
```
public typealias MigrationObject = DynamicObject
```

■ MigrationBlock

マイグレーションで使用されるクロージャの型です。

【宣言】
```
public typealias MigrationBlock = (_ migration: Migration,
                                   _ oldSchemaVersion: UInt64) -> Void
```

【引数】 migration：マイグレーションの実行に使用するMigration（参照 A.1.6：Migration）インスタンス

oldSchemaVersion：マイグレーションするRealmのスキーマバージョン

■ MigrationObjectEnumerateBlock

Realmの新旧のモデルオブジェクトを列挙するクロージャの型です。

【宣言】
```
public typealias MigrationObjectEnumerateBlock = (
                                    _ oldObject: MigrationObject?,
                                    _ newObject: MigrationObject?)
                                                        -> Void
```

【引数】 oldObject：古いRealmのモデルオブジェクト（読み取り専用）

newObject：マイグレーション後のRealmのモデルオブジェクト（読み書き可能）

通知

■ NotificationBlock

Realmの変更通知で使用するクロージャの型です。

【宣言】
```
public typealias NotificationBlock = (_ notification: Realm.Notification,
                                      _ realm: Realm) -> Void
```

Appendix B

付録／ツール

本Partでは、モデル定義チートシートと開発に役立つツールを紹介します。

- B.1 モデル定義チートシート
- B.2 モデルクラスのテンプレート
- B.3 Realmブラウザ

Appendix B：付録／ツール

Appendix B.1 モデル定義チートシート

モデル定義で利用可能な定義を網羅しています。

○リスト：モデル定義可能な全定義例

```swift
import RealmSwift

class Person: Object {  // RealmSwift.Objectクラスを継承する必要がある
    dynamic var bool = false              // Bool
    dynamic var int = 0                   // Int
    dynamic var float: Float = 0          // Float
    dynamic var double: Double = 0        // Double
    dynamic var string = ""               // String
    dynamic var date = Date()             // Date
    dynamic var data = Data()             // Data

    let boolOptional = RealmOptional<Bool>()        // Boolのオプショナル型
    let intOptional = RealmOptional<Int>()          // Intのオプショナル型
    let floatOptional = RealmOptional<Float>()      // Floatのオプショナル型
    let doubleOptional = RealmOptional<Double>()    // Doubleのオプショナル型
    dynamic var stringOptional: String?             // Stringのオプショナル型
    dynamic var dateOptional: Date?                 // Dateのオプショナル型
    dynamic var dataOptional: Data?                 // Dataのオプショナル型

    dynamic var dog: Dog?         // 1対1の関連
    let cats = List<Cat>()        // 1対多の関連

    // プライマリキーの指定
    dynamic var id = 0
    override static func primaryKey() -> String? {
        return "id" }

    // インデックスの指定
    dynamic var title = ""
    override static func indexedProperties() -> [String] {
        return ["title"]
    }

    // 保存しないプロパティの指定
    dynamic var tmpID = 0
    override static func ignoredProperties() -> [String] {
        return ["tmpID"]
    }
    // 暗黙的に保存しないプロパティになる読み込み専用のコンピューテッドプロパティ
    var idString: String {
        return "\(id)"
    }
    // 暗黙的に保存しないプロパティになる定数のストアドプロパティ
    let identifier = 1
}

class Dog: Object {
    let persons = LinkingObjects(fromType: Person.self,
                                 property: "dog")   // 逆方向の関連
}
class Cat: Object {
    let persons = LinkingObjects(fromType: Person.self,
                                 property: "cats")  // 逆方向の関連
}
```

Appendix B.2 モデルクラスのテンプレート

Xcodeの新規ファイル作成に、Realmのモデルクラスのテンプレートを追加することができます。

B.2.1 インストール方法

1. 最新のRealmが必要です。次のリンク先にある「latest release of Realm」から最新のRealmがダウンロードできます。

   URL https://realm.io/docs/swift/latest/#installation

2. ダウンロードしたzipファイルを展開してください。
3. 展開したフォルダ内にある「plugin/RealmPlugin.xcodeproj」をビルドすることでインストールができます。
4. インストール後に一度Xcodeを再起動してください。その後新規ファイル作成時（ショートカットキーの Command + N キーまたは、Xcodeのメニューにある［File］→［New］→［File...］）に「Realm Model Object」という選択肢が追加されています（図B.2.1）。

○図B.2.1：Realm Model Object

Appendix B：付録／ツール

Appendix B.3 Realmブラウザ

Realmブラウザは、.realmデータベースを閲覧、編集するMacアプリケーションです。

B.3.1 インストール方法

Mac App Storeからダウンロードできます。

URL https://itunes.apple.com/app/realm-browser/id1007457278

Realmブラウザを使用することで、アプリ開発中などにRealmファイルの状況を把握することが可能です（図B.3.1）。Realmファイルがどの場所にあるかは、ConfigurationのfileURLを確認すると簡単です。デフォルトRealmでしたらRealm.Configuration.defaultConfiguration.fileURLで確認可能です。

◯図B.3.1：Realmブラウザ

B.3.2 暗号化しているRealmファイルを開く

　暗号化したRealmファイルをRealmブラウザで開くには、暗号化キーを128文字の16進文字列にしたものが必要となります。次の方法はData型を16進文字列に変換するための一例です。

```
let key = Realm.Configuration.defaultConfiguration.encryptionKey!
let hexaDecimal = key.map { String(format: "%.2hhx", $0) }.joined()
print(hexaDecimal)
```

B.3.3 デモデータ生成

　Realmブラウザのメニューにある［Tools］→［Generate demo database］を選択すると、サンプルデータを含むテスト用のRealmデータベースを作ることができます。

■著者プロフィール

菅原 祐（すがわら ゆう）

1985年生まれ、札幌在住。公務員を経て、以前から興味のあったiOSアプリ開発を独学で始める。iOSアプリをリリース後、本格的にアプリ開発に興味を持ちWeb制作会社に入社、アプリ開発部門に従事する。その後、独立し合同会社Picosを立ち上げアプリ開発者として活動中。

- ◆装丁　　　　　　　植竹 裕（UeDESIGN）
- ◆本文デザイン／レイアウト　朝日メディアインターナショナル㈱
- ◆編集　　　　　　　取口 敏憲
- ◆本書サポートページ
  http://gihyo.jp/book/2017/978-4-7741-8848-5
  本書記載の情報の修正・訂正・補足については、当該Webページで行います。

■お問い合わせについて

本書に関するご質問については、本書に記載されている内容に関するもののみとさせていただきます。本書の内容と関係のないご質問につきましては、一切お答えできませんので、あらかじめご了承ください。また、電話でのご質問は受け付けておりませんので、FAXか書面にて下記までお送りください。

＜問い合わせ先＞
〒162-0846　東京都新宿区市谷左内町21-13
株式会社技術評論社　雑誌編集部
「軽量・高速モバイルデータベース Realm 入門」係
FAX：03-3513-6173

なお、ご質問の際には、書名と該当ページ、返信先を明記してくださいますよう、お願いいたします。
お送りいただいたご質問には、できる限り迅速にお答えできるよう努力いたしておりますが、場合によってはお答えするまでに時間がかかることがあります。また、回答の期日をご指定なさっても、ご希望にお応えできるとは限りません。あらかじめご了承くださいますよう、お願いいたします。

軽量・高速モバイルデータベース Realm 入門

2017年3月24日　初版　第1刷発行

著者	菅原 祐（すがわら ゆう）
監修者	Realm 岸川 克己（きしかわ かつみ）
発行者	片岡 巌
発行所	株式会社技術評論社
	東京都新宿区市谷左内町21-13
	TEL：03-3513-6150（販売促進部）
	TEL：03-3513-6177（雑誌編集部）
印刷／製本	図書印刷株式会社

定価はカバーに表示してあります。

本書の一部あるいは全部を著作権法の定める範囲を超え、無断で複写、複製、転載あるいはファイルを落とすことを禁じます。

©2017 菅原 祐

造本には細心の注意を払っておりますが、万一、乱丁（ページの乱れ）や落丁（ページの抜け）がございましたら、小社販売促進部までお送りください。送料小社負担にてお取り替えいたします。

ISBN978-4-7741-8848-5　C3055
Printed in Japan